U0195264

农业痕量灌溉关键技术研究

江显群　陈武奋　付　杰　叶廷东　梁啟斌　著

海洋出版社

2020 年·北京

内 容 简 介

本书针对农业生产中的精准高效节水灌溉等一系列关键技术展开研究,重点包括农业环境无线监测网络技术、智能协同感知技术、LEACH 分簇路由算法技术、灌溉管网系统优化设计、电磁阀智能控制器、作物需水量预测模型、农业痕量灌溉系统开发、应用示范等研究,内容突出研究性与整体性,可供从事灌区用水管理、农田节水灌溉等领域的工程技术人员和管理人员阅读使用,也可作为高等院校相关专业的参考用书。

图书在版编目(CIP)数据

农业痕量灌溉关键技术研究 / 江显群等著. -- 北京:海洋出版社,2020.8
  ISBN 978-7-5210-0637-7

Ⅰ.①农… Ⅱ.①江… Ⅲ.①农田灌溉-节约用水-研究 Ⅳ.①S275

中国版本图书馆 CIP 数据核字(2020)第 156981 号

责任编辑:薛菲菲
责任印制:赵麟苏
出版发行:海洋出版社
网   址:http://www.oceanpress.com.cn
地   址:北京市海淀区大慧寺路 8 号
邮   编:100081
开   本:787 mm×1 092 mm 1/16
字   数:191 千字

发 行 部:010-62100090
邮 购 部:010-68038093
编 辑 部:010-62100038
承   印:中煤(北京)印务有限公司印刷
版   次:2020 年 8 月第 1 版
印   次:2020 年 8 月北京第 1 次印刷
印   张:10
定   价:68.00 元

前　言

　　农业作为国民经济的基础产业和战略产业，是任何国家和地区经济发展所依赖的基础。对于我国这样一个农业大国来说，农业生产的发展对确保社会经济长期持续发展更是具有特别重要的意义。随着人口增长和经济社会的发展，制约农业生产的因素越来越凸显，特别是作物"农业生产命脉"的水资源，其对农业制约作用越发明显，农业节水已成为很多国家农业发展的战略。水资源既是宝贵的自然资源，又是重要的环境要素，它是经济发展的重要支撑条件，对于经济社会可持续发展具有举足轻重的作用。根据《中国水资源公报2019》数据，2019年全国用水总量为 6.0212×10^{11} m^3，农业用水量为 3.6823×10^{11} m^3，占同期国内用水总量的61.2%。随着社会经济的发展，特别是工业化和城镇化进程的加快，城市和工业用水挤占农业用水的问题将日益突出，农业用水面临的挑战越来越大。与此同时，我国农业灌溉普遍存在灌溉效率低和用水浪费严重的现象，截至2019年年底，我国农田灌溉水有效利用系数仅为0.559，远低于发达国家灌溉水利用系数（0.7~0.8），表明我国水资源在灌溉和输送过程中存在极大的浪费现象。农业水资源短缺和浪费并存是我国农业水资源利用的现状，这表明灌溉用水是我国未来最具节水潜力的领域，是实现水资源高效利用的重要领域。

　　粗放低效式灌溉，造成水资源严重浪费，违背了建立资源节约型社会的原则。农田环境信息可监管性差，先由人工现场监测，再决定是否灌溉，存在劳动强度大、数据共享性差等弊端。传统的经验灌溉也不能保证作物处于最佳的生长状态，影响农作物的产量和品质。农业痕量灌溉结合物联网技术、无线通信技术、协同感知技术、智能决策与智能控制等先进技术，以农作物需水信号的响应信息作为灌溉控制指标，依照农作物生长需求对农作物进行高效、精准、适量、适时地灌溉，实现了农业智能化监测和灌溉管理。

　　本书是作者近几年来在农业节水灌溉研究与实践的基础上，特别是结合广州市科技计划项目（基于物联网的农业痕量灌溉关键技术研究与开发）（201604020049）相关成果，对研究成果的一次全面总结与体系的提升。本书针对农业生产中的精准高效节水灌溉等一系列关键技术展开研究，重点包括了农业环境无线监测网络技术、智能协同感知技术、LEACH 分簇路由算法技术、灌溉管网系统优化设计、电磁阀智能控制器、作物需水量预测模型、农业痕量灌溉系统开发、应用示范等研究内容，内容突出研究性与整体性，可供从事灌区用水管理、农田节水灌溉等领域的工程技术研究人员和管理人员阅读使用，也可作为高等院校相关专业的参考用书。

　　本书是集体智慧的结晶。由珠江水利科学研究院江显群负责全书的框架设计、撰写、统稿和定稿，珠江水利科学研究院陈武奋、梁启斌，贵州省水利科学研究院付杰，广东轻工职业技术学院叶廷东等人参与撰写。全书包括前言及 8 个章节，撰写分工如下：江显群负责前言、第 1 章、第 8 章的撰写；陈武奋负责第 5 章、第 7 章的撰写，付杰负责第 2 章、第 6 章的撰写，叶廷东负责第 3 章的撰写，梁启斌负责第 4 章的撰写。在本书撰写过程中，珠江水利委员会珠江水利科学研究院罗朝林、林年旺、周宏伟、陈明敏、杜敏军、张波等人参与本书部分章节的校核工作。

　　由于编写时间仓促，加之受所掌握资料和作者水平限制，错误和疏漏之处在所难免，诚恳希望各位专家、工程技术人员和读者提出补充修改意见，批评指正。相关建议可联系电子邮件 scut_jiang@163.com。

目　录

第1章 绪 论

1.1 研究背景及意义

1.1.1 研究背景

人类社会的发展与水资源息息相关,同时,水资源也是人类赖以生存的最基本的物质基础。我国是用水大国,水资源更是促进社会经济发展与保障粮食安全的重要物质基础[1]。根据《中国水资源公报2019》数据[2],2019年全国用水总量$6.021\ 2×10^{11}m^3$,其中农业用水$3.682\ 3×10^{11}m^3$,占用水总量的61.2%,而农业用水量的90%以上都是用于农业灌溉;但是,我国农业生产中的水资源利用过度而产生浪费的现象屡见不鲜。截至2019年年底,我国农田灌溉水有效利用系数仅为0.559,远低于发达国家灌溉水利用系数(0.7~0.8)。农业水资源短缺与粗放低效利用并存的状况,进一步加剧了农业水资源短缺程度。因此,节水首先从农业抓起,大力发展节水灌溉,提高灌溉水利用率是缓解水资源紧缺、促进水资源持续利用的一项有效措施。发展节水农业对于保障国家水安全、粮食安全和生态安全,推动我国农业和农村经济的可持续发展具有重要的战略地位和作用。近年来,国家高度重视现代化农业节水工作:2014年,习近平总书记在关于保障水安全重要讲话中提出"节水优先、空间均衡、系统治理、两手发力"的治水思路,并指出坚持节约优先,着力提高水资源综合利用水平;2018年,《中共中央国务院关于实施乡村振兴战略的意见》明确指出,实施国家农业节水行动,加快灌区续建配套与现代化改造,推进小型农田水利设施达标提质,建设一批重大高效节水灌溉工程;2019年4月15日,国家发展改革委、水利部联合印发《国家节水行动方案》,要求分区域规模化推进高效节水灌溉,开展农业用水精细化管理,科学合理确定灌溉定额,推进灌溉试验及成果转化。水利部部长鄂竟平在2020年全国水利工作会议中强调农村水利建设要全面提速,统筹推进灌区续建配套与节水改造。

目前,我国农田灌溉方式及农业灌溉行业还存在以下问题。

(1)农田灌溉方式问题。一是灌溉粗放低效,造成水资源浪费严重,农田灌溉以传统生产经验为主,缺乏精确调控手段,灌溉水有效利用系数低,加剧了水资源短缺程度；二是就地控制为主，网络化程度低，现有农田灌溉系统监测与控制都采用人工现场管理，设备间采用有线通信方式，农业无线远程监控领域的研究较少，不能满足现代化农业的需求；三是缺乏技术创新，智能化水平低，人工手动操作水泵的启停不能根据土壤墒情以及作物需求自动驱动设备完成适时适量的灌溉[3-6]。

（2）农业灌溉行业问题。一是行业管理不规范，企业之间恶性竞争；二是从业人员素质低，人才匮乏；三是灌溉设备制造企业规模小，缺少自有知识产权的技术和产品[7]。

目前，我国灌溉行业也具有一些独特的优势：一是国内外农业等关联行业的庞大市场需求，为行业发展提供了前所未有的契机；二是国家和各级政府已对节水、环保等问题高度重视，用于工程建设、科技研发、人才培养的资金不断增加；三是经济体制改革的不断深入和我国强大的机电设备加工能力，尤其是高新技术如物联网技术的发展，为灌溉设备制造业的发展奠定了坚实基础[8-10]。

为此，本书针对农业生产中的精准高效节水灌溉等一系列关键技术展开研究，重点进行了农业环境无线监测网络研究、智能协同感知技术研究、分簇路由算法技术研究、灌溉管网系统优化设计研究、电磁阀智能控制器研究、作物需水量预测模型研究、农业痕量灌溉系统开发及应用示范等。

农业痕量灌溉结合物联网技术、无线通信技术、协同感知技术、智能决策与智能控制等先进技术，以农作物需水信号的响应信息作为灌溉控制指标，依照农作物生长需求对农作物进行高效、精准、适量、适时地灌溉。它具有节水、省工、适应性强、适用范围广的特点，可用于精耕农业、温室大棚、城市园林、旱作林业、旱地野外种植等领域。

1.1.2　研究意义

（1）保证农作物生长用水，促进农业节水增效。研究实时监测天气环境参数和土壤墒情，构建农作物需水模型，可获得植物生长的最佳需水量和灌溉时间，保障对农作物水分供应充分，提高农作物种植的整体质量，实现农业的节水增效。

（2）极大限度地提高水资源的利用率，促进节水技术的发展。农业痕量灌溉能够极大限度地提高水资源的利用率，减少水资源的浪费，避免杂草滋生，改善土壤条件，降低对水资源需求的压力，同时降低劳动强度，使农业生产真正做到低投入、高收益。

（3）可改善作物生长环境，减少水土流失和改良土壤，促进环保技术的发展。研究根据土壤墒情，自动进行有效的精细灌溉，不但有利于作物自身的正常发育生长，而且还避免了沟灌、喷灌等用水直接冲刷土表，保持水土，减少水土流失，同时，将适量水供给作物土壤，可为农作物创造出一个理想的生长环境。

（4）促进物联网技术的应用与发展。本书利用物联网协同监测技术，研究无线传感网络低功耗传输、智能协同感知技术，以实现对农业作物科学、适量、适时灌溉，可丰富物联网技术的应用范畴，促进物联网技术的应用发展。

1.2 相关技术发展情况

下面从"高新技术在节水灌溉中的应用"和"同类产品对比研究"两方面介绍国内外同类产品和技术情况。

1.2.1 高新技术在节水灌溉中的应用

目前，国内生产节水灌溉设备产品的公司有三十多家，具有市场优势的企业主要有新疆天业（集团）有限公司、新疆中企宏邦节水（集团）股份有限公司、大禹节水集团股份有限公司、新界泵业集团股份有限公司、甘肃亚盛实业（集团）股份有限公司、利欧集团股份有限公司和宁夏青龙管业股份有限公司等。这些企业采用过的和正在研究或推广使用的节水增效灌溉技术及设备有数十种之多，其中常用的节水灌溉技术主要包括：地面灌溉技术、渠道防渗、喷灌、渗灌和滴灌等。

以上节水灌溉技术均是人为控制灌溉时机和灌水量，属于"被动式"灌溉模式。其中，引自以色列的滴灌技术被公认是目前效果最好的节水灌溉技术，但存在流道易堵塞、制造难等问题[11]。

利用现代高新技术，完全可获得作物生长最佳需水量和灌溉时间，实现对作物的适时适量灌溉。在西方发达国家，通过遥感（RS）、地理信息系统（GIS）、全球定位系统（GPS）及计算机网络可获取、处理、传送各类农业、园林信息的应用技术，精细灌溉已发展到实用化阶段，欧洲共同体、美国将信息及信息技术在农业上的应用列为重点课题，可以说信息技术已成为现代农业不可缺少的一部分。欧、美等发达国家的一些先进灌区以土壤墒情监测作为灌溉用水管理的主要依据，根据气象观测资料、土壤墒情资料、植物长势资料等确定植物的灌溉水量及灌溉时间，及时提供用水信息，从而使灌溉管理更加科学、精确[12]。

国内在这方面的工作也已起步，如作物估产、土壤含水率分布的监测等，但在实际应用上还有一定的困难，如应用"3S"技术建立"土壤墒情监测网系统"，对全国农田墒情进行监测，为农林灌溉用水和抗旱减灾服务。

1.2.2 同类产品对比研究

目前，国内市场上成熟物联网节水灌溉系统提供商主要有：北京九思易自动化有限公司、中国农业大学(北京中农信联科技有限公司)、北京林业大学[中网动力(北京)科技发展有限公司]、美国 Rain Bird、以色列 Netafim 等，表1-1为国内外产品对比表。

表1-1 国内外物联网节水灌溉系统对比情况

产品提供商	监测技术	控制策略依据	节水理念	无线传感器网络（WSN）能耗	管道设计	主要应用领域	价格（万元）
北京九思易自动化有限公司	物联网	依靠植物需水信号、土壤墒情和气象信息	生物节水灌溉	进行节能通信设计，能耗低，电池供电	未涉及	农田	4~6
中国农业大学	物联网	依靠土壤墒情和气象信息	工程节水灌溉	定时采集节点电压及通信状态，电池供电	未涉及	农田	4~6
北京林业大学	物联网	依靠植物需水信号、土壤墒情和气象信息	生物节水灌溉	数字化网络技术，太阳能供电	未涉及	农田	3~5
美国 Rain Bird	物联网	依靠土壤墒情和气象信息	工程节水灌溉	电池供电	未涉及	农田	10~20
以色列 Netafim	物联网	依靠土壤墒情和气象信息	工程节水灌溉	太阳能供电	有涉及	农田	10~20
本研究	物联网	依靠农作物需水量模型	生物、工程组合节水灌溉	WSN 协同传感，能耗低，太阳能供电	低压智能电磁阀，管道优化设计	农田	4~7

从表1-1可看出，本研究在监测技术、控制策略依据、节水理念和管道设计等方面采用先进理念和技术，具体的技术优势和创新实质体现在：

(1)构建农业环境无线监测网络，提出一种 WSN 智能协同感知感知技术，研究 WSN 能量约束条件下的多传感协同调度、检测理论，基于 LEACH 分簇路由算法，达到降低网络能耗、延长网络时效和协同自修正 WSN 网络的目的。

(2)通过对灌溉管道系统进行优化设计，降低系统总费用；研制电磁阀智能控制器，提高电磁阀的使用寿命和可靠性，实现对灌溉高效精准地控制；使整个系统具有节水效果明显、整体成本低的优势。

(3)建立农作物需水量模型，研究了农作物生态环境参数与需水量关系模型，以农作物需水信号的响应信息作为灌溉控制指标，该农作物需水量模型对农作物节水灌溉具有普遍意义，使得本灌溉技术具有天然优势。

1.3　研究内容及技术路线

1.3.1　研究内容

本研究融合物联网技术、无线通信技术、协同感知技术、智能决策与智能控制等先进技术，在满足水量、水压和流速等约束条件下，设计一套灌溉管网优化铺设方法，降低灌溉技术实施的整体成本；研制电磁阀智能控制器，提高电磁阀的使用寿命和可靠性，实现对灌溉高效精准地控制，研究了农作物生态环境参数与需水量关系模型，以农作物需水信号的响应信息作为灌溉控制指标，可获得作物生长最佳需水量和灌溉时间，实现对作物的适时适量灌溉。其研究成果是一种低水耗、高质、高效、环境友好的灌溉技术，具有节水、省工、适应性强、适用范围广的特点，可用于精耕农业、温室大棚、城市园林、旱作林业、旱地野外种植等领域。

具体研究内容又可分为：

(1)研究基于 LoRa 无线通信技术，构建农业环境无线监测网络；

(2)WSN 智能协同感知技术(时间同步技术、预测补偿技术、协同检测调度技术)；

(3)基于 LEACH 分簇路由算法技术研究；

(4)灌溉管网系统优化设计研究；

(5)电磁阀智能控制器研制；

(6)农作物生态环境参数与需水量关系模型研究；

(7)融合物联网技术、无线通信技术、协同监测技术、智能决策与智能控制等先进技术，进行痕量灌溉监测平台开发、系统集成及应用示范。

1.3.2　技术路线

依据本研究特点，总体实施方案采用"总体-单元-综合-实验应用研究"的路线，具体的实施方案如图 1.1 所示，其中，图中标注(1)、(2)、(3)的小方框内的内容为主要研究内容的技术路线子图。

本研究主要解决前面提到的关键技术问题，即无线传感网络及关键技术研究(农业环境无线监测网络、智能协同感知技术、分簇路由算法)、管道系统设计关键技术(灌溉管网系统优化设计研究、电磁阀智能控制器研制)、农作物需水量关系模型及系统开发等的研究。

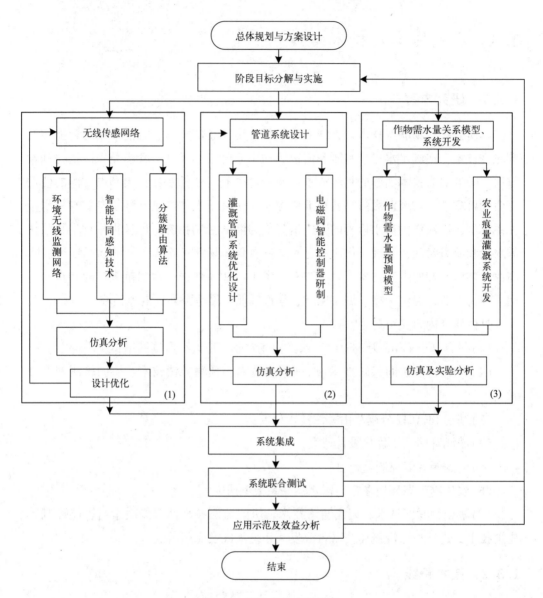

图 1.1　研究总体方案设计

第2章　农业环境无线监测网络技术研究

环境因素对农作物的影响贯穿其整个生长阶段，主要的环境因素有大气温湿度、土壤温湿度、光照强度、降雨量、总辐射量等，农业环境直接影响农作物的产量和质量，所以实现对农业环境因素的监测是推动现代化农业的关键。我国农作物的品种多种多样、种植面积大、分布范围不集中、较偏远、不具备便利的交通条件等，这些现状给农作物环境数据的采集、传输以及数据的展现应用等方面带来了巨大的困难[13]。随着无线传感器网络（WSN）的不断发展，相关技术手段的日益成熟，其覆盖范围广、自组网能力强、实时性好、可移植性高等特点，为我们实现农业环境的自动化及无线化监测、监测数据的远距离传输提供了良好的解决方案。因此，将无线传感网络技术应用到农业环境无线监测领域，可以动态实时地掌握农田环境信息，并且能够极大地降低成本。

2.1　无线通信技术对比

近年来，应用于无线传感器网络中的无线通信技术主要分为两类：短距离无线通信技术和长距离无线通信技术。短距离无线通信技术中，应用比较广泛的主要有ZigBee、蓝牙、WiFi等，这些通信技术主要用于组建低功耗局域网。长距离无线通信技术中，应用比较广泛的主要有LoRa、NB-IOT、Sigfox，这些通信技术主要用于组建低功耗广域网（LPMAN）[14]。

2.1.1　低功耗局域网

低功耗局域网无线通信技术主要包括ZigBee、蓝牙和WiFi等，每种技术都有自己的优劣势和应用领域。低功耗局域网的技术相对成熟，应用较为广泛，稳定性高，可满足部分物联网应用的需求[15]。下面介绍无线传感器网络中常用的三种低功耗局域网无线通信技术。

2.1.1.1　ZigBee技术

ZigBee技术是一种近距离、复杂度低、低速率的无线通信技术，IEEE 802.15.4标准是ZigBee技术的基础，是在数以千计的微小传感器之间进行协调从而完成通信。主要有三种组网方式：星形网络、树状网络和网状网络。该技术目前应用于工业控制、家庭自动化、智慧农业、消费性电子设备和医用控制设备等领域,拥有广泛的市场。

2.1.1.2 蓝牙技术

蓝牙技术作为一种实现语音和数据无线传输的全球开放性标准,属于近距离、低成本的无线通信技术,常使用码分多址(CDMA)、时分多址(TDMA)、跳频扩谱(FHSS)等技术,多种通信系统之间的信息传输是在小范围内建立的。2016 年 6 月,蓝牙 5.0 版本的发布是最具革命性的,其带来的影响最大。蓝牙 5.0 针对低功耗设备速度有相应提升和优化,其结合 WiFi 技术对室内位置进行辅助定位,能提高传输速度,增加有效工作距离。蓝牙 5.0 的传输距离可以达到 300 m 以上,低功耗模式传输速度上限为 2 Mbps,是之前 4.2LE 版本的 2 倍。

2.1.1.3 WiFi 技术

WiFi 是一种短程无线通信技术,创建于 IEEE 802.11 标准的无线局域网技术,一般工作在 2.4 GHz 频段。1999 年被认为是世界上最好的无线网络技术,比 ZigBee 出现得更早,技术较为成熟。WiFi 的传输速率高达 11 Mbps,因此,需要连接较大的外接电源,在无线传感器网络中未能得到推广,但已经成为我们生活中不可或缺的一部分。

对 ZigBee、蓝牙 5.0 和 WiFi 三种低功耗局域网技术的基本技术指标进行比较,其结果如表 2-1 所示。由表可知,蓝牙和 WiFi 的功耗较高,ZigBee 的传输距离较近。低功耗局域网技术对于大面积的农业环境监测并不适合,因此不选择。

表 2-1 低功耗局域网技术比较

技术类型	功耗	传输距离(m)	传输速率	网络容量	稳定性	价格
ZigBee	低	10~75	250 kbps	最大 65 535	高	低
蓝牙 5.0	高	300	2 Mbps	点对点	较稳定	高
WiFi	高	200	11 Mbps	点对多点	稳定	高

2.1.2 低功耗广域网

低功耗广域网可以满足远距离无线传感器网络设备的连接要求,是为了无线传感器网络应用中的 M2M 通信场景而优化的一项新技术[16]。低功耗广域网具有低功耗、远距离、低成本等特点,可实现真正大区域网络的全覆盖,在未来的智慧农业、智慧城市等建设中将会得到越来越广的应用。下面介绍低功耗广域网的几种典型无线通信技术。

2.1.2.1　LoRa 技术

LoRa 技术是低功耗广域网一种成熟的通信技术。LoRa 作为美国 Semtech 公司推广的一种基于扩频调制技术的低功耗远距离无线通信技术，属于该公司的私有物理层技术，其主要采用的是窄带扩频技术。该技术具有抗干扰能力强、高接收灵敏度的特点，为 LoRa 的远距离和低功耗的性能奠定了一定的基础。LoRa 技术的应用领域十分广泛，例如，智慧交通方面，准确地提供车速、车距、车流量等交通数据；智能停车方面，通过对车位进行实时监测，实现信息透明，从而解决收费不准确和人工费高的问题；智能农业方面，通过对温度、湿度、风速等参数的检测，把握植物生长状况，提高产量。除此之外，还可应用于智能医疗、智慧海洋、智能追踪等方面。

2.1.2.2　NB-IOT 技术

NB-IOT 是可与蜂窝网融合演进的低成本电信级高可靠性、高安全性广域物联网技术。NB-IOT 构建于蜂窝网络之上，只消耗约 180 kHz 的频段带宽，可以直接部署于 UMTS 网络、GSM 网络和 LTE 网络。NB-IOT 具有功耗低、覆盖面积广、大连接、成本低和速率低的特点，但其移动性能不强，因此适合静止的应用场景。例如，智能计量方面，对水、煤气、电力的数据采集，数据量小，节省人力；智能报警，智能家居方面，根据室温和室内气体浓度的不正常变化，拉警报以保护家庭安全；智慧工业和农业方面，进行物流、资产跟踪和农林牧渔的智能监控。除此之外，也可应用到智能垃圾桶、智能停车和智能医疗等场景。

2.1.2.3　Sigfox 技术

Sigfox 以其超窄带（UNB）技术开始了低功耗广域网络的布局，UNB 每秒最多可处理 1 000 bit 的数据，却能支持成千上万的连接。它使用的是二进制相移键控（BPSK）的标准无线电传输方法，采用非常窄的频谱块，通过改变载波无线电波的相位对数据进行编码。

2.1.2.4　Weightless 技术

Weightless 是专为物联网而设计的一种低功耗广域网无线通信技术，自 2012 年 12 月公布以来，已经发布了三项不同的开放标准，分别是 Weightless-N、Weightless-P 和 Weightless-W。

几种低功耗广域网技术的比较结果如表 2-2 所示。通过对几种无线通信技术的比较，LoRa 工作频段在非授权的 433 MHz 频段，而 NB-IOT 需要支付额外的费用，Sigfox 成本较高，不易推广，结合目前国内的产业趋势和技术发展水平，农业环境无线监测时最终选取低功耗广域网的 LoRa 无线技术。

表 2-2　低功耗广域网技术比较

技术指标	LoRa	NB-IOT	Sigfox	Weightless
覆盖范围(km)	3~30	广	3~50	2~5
频率(GHz)	<1	蜂窝频段	<1	<1
数据速率(kbps)	0.018~37.5	65	100	30~100
最大节点数	200 000~300 000	10 000 以上(单个小区)	百万	高
是否支持OTA	是	是	是	是
运营模式	私有技术	国际标准	私有技术	公开
成本	低	低	高	低
功耗	低	低	低	低

2.2　LoRa 无线技术

LoRa 技术是一种把扩频通信和高斯频移键控(GFSK)调制融合到一起的无线调制与解调技术,采用 1 GHz 以下的通信载波,主要面向低功耗和远距离的应用场景。

LoRa 技术是低功耗广域网中发展比较快、相对比较成熟的技术。2013 年 8 月,美国 Semtech 公司正式发布了一款基于 LoRa 技术的芯片,为了实现 M2M 设备应用中低功耗和远程通信的需求,在全球范围内推广 LoRaWAN 技术。2016 年 1 月,我国的中兴通讯有限公司与丹东东方测控技术股份有限公司、深圳市唯传科技有限公司等近 20 家企业建立了中国 LoRa 应用联盟(CLAA)。

LoRa 技术延续了[频移键控(FSK)]调制的低功耗特性,同时具有较远的通信距离,其接收灵敏度可以达到-148 dBm,无论发送端是否使用同一频率发送数据,只要不同的终端使用不同的扩频码,数据接收就不会互相干扰。LoRa 通信组网中一个集中器/网关(concentrator/gateway)可以支持较多的终端节点,并且可以并行接收数据,这样就提高了系统容量。

2.2.1　扩频调制技术

LoRa 网关能够同时接收处理多个传感器节点的数据,拥有大量的网络容量。LoRa 直线传输距离可达十几千米以上,信噪比在低于 20 dB 的情况下仍可实现全解调[17]。LoRa 无线网络技术的电源功耗极低,其工作电流只有几毫安,休眠状态下电流不到 200 nA,这极大地增加了设备的工作时间。

LoRa 的扩频通信原理是通过扩频技术将信号扩展到宽带宽的噪声中,以获得扩频增益,其扩频通信原理框图如图 2.1 所示。扩频调制是一种信息传输方式,其信号所占的频带宽度远大于所传信息需要的最小带宽。在扩频调制的过程中，发送信号首先被调制成数字信号送给扩频码发生器，然后将此数字信号送至扩频码发生器，通过扩频码序列去调制数字信号以展开信号的频谱，将其信号频谱展宽之后进行载频调制，最后利用射频模块的天线发送调制信号。在信息接收端，从天线接收到的射频信号送到射频发生器，变频至中频信号，经过接收端扩频码发生器产生的与发送端相同的扩频码序列进行解调，得到原始信息。

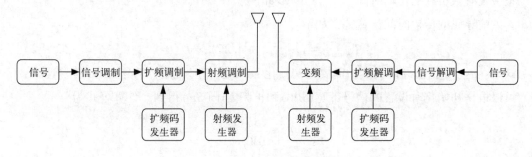

图 2.1　LoRa 扩频通信原理框图

香农定理阐述了信息传输速率和带宽以及信噪比之间的关系，并由此推出香农公式：

$$C = W \times \log_2\left(1 + \frac{S}{N}\right) \qquad (2-1)$$

式中：C 是信息传输速率；W 是频带宽度；S 是有用信号功率；N 是噪声功率，S/N 是信道信噪比。在信道容量一定时，信号带宽和信噪比之间是反比的关系，也就是说，可以通过提高信号带宽的方式换取通信的质量。在特定的情况下，随着带宽的增加，信噪比可能会降低到噪声功率和有效信号功率接近的情况，扩频通信的思想就是以牺牲信号带宽来获取较低的信噪比。LoRa 就是基于扩频调制将有效信息的每个比特多码编码、增加位宽实现通信的；LoRa 在物理层对信号进行调制，使得它可以兼容更多的通信协议和不同的网络类型，比如常用的星型、网型和点对点型等，LoRa 通信组网中一个网关可以支持多个终端节点，并且可以并行接收数据，这样就提高了系统的容量。

2.2.2　LoRa 传输时间

在 LoRa 技术的星型网络结构中，为实现低功耗策略，采集节点采用唤醒的方式传输数据，唤醒的方式分为主动唤醒和空中唤醒。主动唤醒是指利用 RTC 时钟定时或者 MCU 内部的定时器将设备唤醒，接着采集节点开始传输数据，完成之后再次进入休眠状态。空中唤醒是指随时可以唤醒采集节点设备进行数据传输,假如采集节点休眠时间为 T,意味着每隔时间 T 会主动唤醒一次,用来检测是否有设备发送前导码。当汇聚节点下达指令至采集节点采集数据时,会发送一个前导码给采集节点的 LoRa 模块,且持续时间为 T,目的是覆盖掉采集节点的睡眠时间,这样才能使采集节点被唤醒之后能够检测到汇聚节点发送的指令。

当采用空中唤醒模式时,数据包的空中传输时间包含发送前导码时间 T_{preamble} 和报头及有效负载的传输时间 T_{payload},计算如下。

前导码的传输时间计算公式如下:

$$T_{\text{preamble}} = (n_{\text{preamble}} + 4.25) \times T_s \qquad (2-2)$$

式中:n_{preamble} 指前导码长度,需要在初始化 LoRa 设备时设定;T_s 是 LoRa 符号速率,可以根据初始化时设置的信号带宽(BW)和扩频因子(SF)得到。计算公式为

$$T_s = \frac{2SF}{BW} \qquad (2-3)$$

在计算出前导码时间后,根据休眠时间就可以确定需要设定前导码的个数。

对于数据包报头和有效负载时间计算,首先确定符号个数 n_{payload},计算公式如下:

$$n_{\text{payload}} = 8 + \max\left\{ ceil\left[\frac{(8PL - 4SF + 28 + 16 - 20H)}{4(SF - 2DE)} \right](CR + 4),\ 0 \right\}$$

$$(2-4)$$

式中:PL 是有效负载字节数,范围是 $1 \sim 255$;SF 是扩频因子,范围是 $6 \sim 12$,收发双方必须使用相同的扩频因子才能保证正确接收信号;$H=1$ 指禁止报头,$H=0$ 指使能报头;$DE=1$ 指开启低速率优化,$DE=0$ 指无低速率优化;CR 是编码率,取值是 $1 \sim 4$。

报头和有效负载空中传输时间计算公式为

$$T_{\text{payload}} = n_{\text{payload}} \times T_s \qquad (2-5)$$

数据包空中传输时间公式为

$$T_{\text{packet}} = T_{\text{payload}} + T_{\text{preamble}} \qquad (2-6)$$

2.2.3 LoRa 技术特点

LoRa 技术是基于 Sub-GHz 和扩频技术的低功耗和长距离无线通信技术,它也是小无线通信技术之一,优势是通信距离更远,功耗更低,同时可靠性也更好[18]。LoRa 技术主要在全球免费频段应用(即非授权频段),包括 433 MHz、868 MHz、915 MHz 等,其融合了扩频技术、前向纠错编码技术和数字信号处理技术。LoRa 技

术的特点主要体现如下。

2.2.3.1　低功耗

LoRa 可以在各个工作状态之间快速切换，在工作模式下，由于 LoRa 采用了扩频技术，对信噪比要求较低，功率谱密度相对较低，因此信号功率可以很低。同时 LoRa 数据传输速率低，只有 1～300 kbps，一般工作时其接收电流仅为 10 mA，当发射功率为 20 dBm 时，发送数据电流在 120 mA 左右，而休眠模式下电流为 200 nA。因此可以延长电池的使用寿命。

2.2.3.2　传输距离远

在一般室外空旷环境中，信噪比增加 6 dB，相对应的传输距离就扩大 1 倍，LoRa 技术的信噪比要比 GFSK 调制方式信噪比大 28 dB，这样也就大大提高了通信距离。在较为空旷、建筑物稀少环境中传输距离可达 5 km，在建筑物相对较多、环境复杂的环境中传输距离可达 2 km。由于 LoRa 技术在通信距离上的优势，在同样覆盖范围内，可以大幅度减少中继节点的使用，简化系统设计，从而降低开发、安装和维护的成本。

2.2.3.3　抗噪能力强

LoRa 技术的扩频因子可以达到 6～12，在扩频调制技术中，扩频因子选取的越高，接收端信号的可靠性越强。发送信号数据包被送到扩频码调制器里，将每一位按照要求配置为 64～4 096 个码片。通过扩频调制产生的无线电波在频谱仪上看起来更像是噪声，但噪声是没有相关性的杂乱信号，而经过扩频调制后的信号之间具有很强的相关性，因此，信号可以从噪声中提取出来。比较适合环境复杂、建筑物密集的场合。

2.2.3.4　成本低，网络容量大

使用全球免费频段运行，无须复杂的辅助设施。目前，许多网络都是网状的结构或者是混合网络结构，这样可以扩大通信范围，但缺点是增加系统复杂性，降低了网络容量。LoRa 技术采用星型网络结构，可以支持更多的终端节点。随着 LoRa 技术的崛起，它在通信距离和低功耗方面的优势尤为突出，在一定程度上解决了一直以来无线通信在通信距离和低功耗不可兼得的问题，因此，LoRa 技术在低功耗广域物联网中具有不可替代的地位。在抄表（水表、电表、气表）领域，利用其低功耗和远距离的特性搭配抄表系统，在保证实现系统功能的前提下，最大限度地减少中继节点。在工业生产过程中，某些场景需要低成本的传感器配以低功耗的电路来监测设备状态，也非常适合使用 LoRa 技术进行通信。

此外，基于 LoRa 技术具有低功耗、距离远以及可以大量连接节点的特点，适用于灌区信息采集。物联网是当前社会的热门话题，在技术层面也在不断地研究当中，国内一些物联网行业也看到了 LoRa 技术的潜在能量，正在把 LoRa 技术用于农田信息采集。

2.3 农田环境无线监测系统设计

2.3.1 监测系统体系结构

农田环境无线监测系统是建立在农业物联网技术研究的基础之上进行的，与传统物联网架构的感知层、传输层和应用层对应的分别是信息采集终端(终端节点)、LoRa 网关(网关节点)和信息监控终端。信息采集终端是农田环境信息监测系统的底层、基础层，由多个位于农业环境中的监测点组成，即传感器节点单元。该子系统通过不同类型的传感器获取作物生长环境的实时数据，每个采集终端传感器将采集到的信息通过 LoRa 无线通信模块传给 LoRa 网关。LoRa 网关负责将数据进行整合传输，是信息采集终端与信息监控终端之间相互连接的桥梁。LoRa 网关的关键技术为 LoRa 无线传输技术，LoRa 无线通信端模块将采集到的数据通过无线网络的方式传输到 LoRa 网关，LoRa 网关将数据解析后进行统一化、规范化的处理与存储，以供信息监控终端使用。信息监控终端主要通过上位机对服务器数据的读取，实现对农田环境信息数据的可视化展示，通过分析展示数据后继续下发控制指令，实现对农业大田的数字化控制[19-20]。农田环境无线监测系统体系结构如图 2.2 所示。

部署在农田中的信息采集终端能够在工作时自动组建无线网络。LoRa 网关主要包括 LoRa 无线网络、采集终端与 LoRa 网关间的串行通信链路和 GPRS 网络与因特网的网络交互链路。信息监控终端分为现场人机交互界面与远程人机交互界面，LoRa 网关可以通过 GPRS 将数据发送到云端，监控中心和远程在线用户通过因特网连接到云端即可随时随地对数据进行实时监测，还可以利用远程控制功能对采集终端传感器的参数进行修改[21]。

2.3.2 LoRa 无线传感网络节点设计

2.3.2.1 无线传感网络节点硬件结构

在 LoRa 无线传感网络中，可以根据网络上各节点承担的功能将其划分为终端采集节点和网关节点，但是二者核心部分的硬件结构基本相同。如图 2.3 所示，节点的硬件结构可划分为电源模块、数据采集模块、核心控制模块、通信模块及外围电路(时钟电路、复位电路等)五部分，其中数据采集模块是终端采集节点独有的[22]。

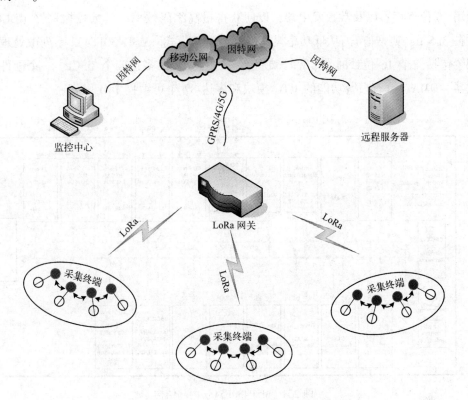

图 2.2　农田环境无线监测系统体系结构

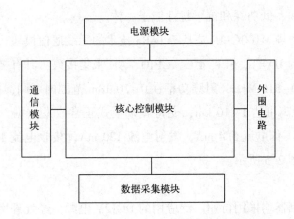

图 2.3　LoRa 无线传感网络节点的核心硬件结构

（1）核心控制模块。

系统的节点均采用低功耗高性能处理器 MSP430F5438 作为核心控制器，MSP430F543x 内部结构如图 2.4 所示，该处理器具有一个强大的 16 位 RISC CPU，使用 16 位寄存器以及常数发生器，以便获得最高编码效率。其数控振荡器（DCO）可在 3.5 μs（典型值）内从低功率模式唤醒至激活模式。MSP430F543x 系列微处理器配置包括三个 16 位计时器、一个高性能 12 位 ADC、多达四个 USCI、一个硬件乘法器、DMA、具有报警功能的 RTC 模块和多达 87 个可编程 I/O 引脚。

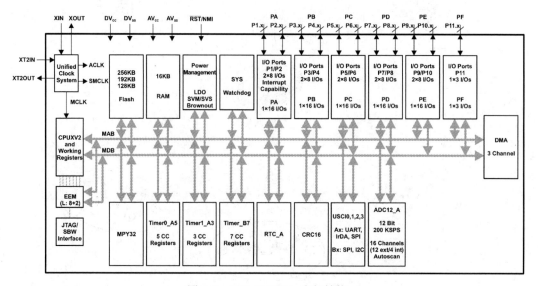

图 2.4　MSP430F543x 内部结构

（2）通信模块。

LoRa 技术作为低功耗广域网技术的一种，与其他通信技术相比，可以最大限度地兼顾远距离传输、低功耗和抗干扰性能于一体。

LoRa 模块（型号 M100C-L）是基于 LoRa 技术的无线通信模块，串口数据透明传输，外围有丰富的 UART、SPI、I^2C、GPIO、AD 采集接口，具有极高的灵敏度，射频工作范围为 470~510 MHz，射频功率在 0~20 dBm 范围内可调，接收灵敏度可达-142 dBm，通信距离可达 1~10 km，支持睡眠模式正常收发数据，整机休眠电流低至 1.5 μA，正常工作电流 5.4 mA，发射电流 120 mA，接收电流 16.7 mA。其具体应用电路原理如图 2.5 所示。

（3）电源模块。

采集器和控制器均采用行业广泛应用的 DC12V 电源，经处理后供给采集器和控制器不同电路使用。电路板上实际工作电源有三种：第一种是可控 DC12V，用于控制给传感器、电磁阀供电；第二种是常供 DC3.3V，供 CPU、时钟电路、存储电路

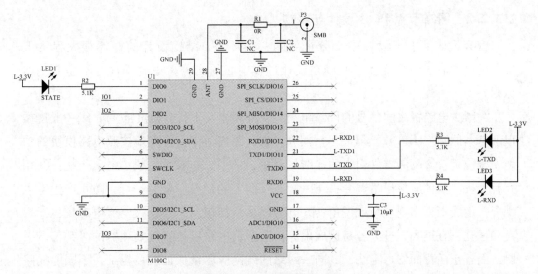

图 2.5　LoRa 通信模块原理

等部分功能模块使用；第三种是可控 DC3.3V，供控制 LoRa 通信模块供电使用。

电源电路模块设计遵循以下几点原则：①设备供电电压采用通用的 DC12V，电路板电压仅在 12 V 和 3.3 V 直接转换；②要有电源防反接保护；③系统低功耗设计，采用电源管理技术，不同功能模块部分分开供电，对部分模块工作时才供电，其余时间不供电，减少功耗；④数字电路和模拟电路分开供电；⑤电源芯片尽量选用自身功耗小、效率高的开关式芯片，以减少不必要的电源损耗。

基于以上原则，电源模块电路原理如图 2.6 所示。

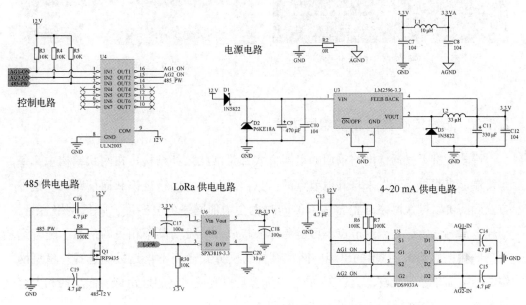

图 2.6　供电模块原理

2.3.2.2 网络节点 PCB 设计与实物

PCB 设计是电子设计中十分重要的一个环节，结构设计的好坏很大程度上影响最终产品的性能优劣。所以在设计过程中必须充分考虑合理性，不违背基本原则。

为减少电路板之间信号的传输畸变、衰减和相互干扰，PCB 布局布线一般遵循以下基本原则：①PCB 上器件尽量摆放均匀，距离适中，合理地按照电路模块的功能安排位置；②高频器件引脚的连线尽量短，减小分布参数，减小电磁干扰；③相互有干扰的器件应该尽量隔开；④PCB 正反面上的走线应避免平行，防止产生寄生耦合，走线不宜出现直角或锐角；⑤电源线尽量加粗，尤其是大电流电源线；⑥焊盘和过孔不宜过大，过大容易造成虚焊；⑦振荡电路尽量靠近处理器的时钟信号引脚，而且正面背面均不走线；⑧同一网络的线路应尽量保证统一粗细，不同的线路大小容易造成放射。

基于以上基本原则和模块化布局，网络节点 PCB 与节点实物如图 2.7 和图 2.8所示。

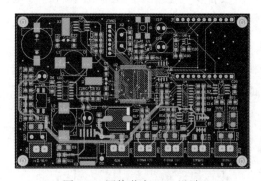

图 2.7 网络节点 PCB 设计

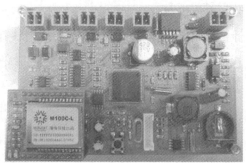

图 2.8 网络节点实物

2.3.3 无线传感器网络的组网方式

许多现有无线通信网络采用的组网方式都是网状拓扑结构。在网状结构中，每个终端节点都可以转发来自其他节点的信息，以此扩大网络规模和通信距离。这种方法确实可以扩大网络通信范围，但同时也会增加网络的复杂度，降低网络容量，损耗电池寿命，这是因为节点不可避免地会接收和转发与其不相关的信息。随着远距离低功耗的 LoRa 技术的出现，网状结构组网方式已经不再是最优选择。星型网络的结构简单、时延较低，LoRa 的技术优势足以实现网络的远距离、低功耗和大容量需求，因此在系统中采用星型结构的方式进行组网。

系统采用的 LoRa 星型网络是由信息采集终端(终端节点)、LoRa 网关(网关节点)和信息监控终端三部分组成,其中终端节点和网关节点组成的基于 LoRa 无线通信的传感网络是研究的关键部分。星型的组网结构是以一个网关为中心管理一个农田区域的所有终端节点,这样便于管理和维护。同时,组网方便,协议设计也变得简单,避免了多跳的组网方式带来的传输延时。

基于 LoRa 技术的标准介质访问控制(MAC)协议只有 LoRaWAN 协议,LoRaWAN 使用的是竞争类的 ALOHA 协议。使用 LoRaWAN 协议必须使用 LoRa 的网络服务器与应用服务器,且网关与信息监控终端之间也必须进行配套,价格昂贵,开发难度大,并不适用于构建私有小规模无线自组网。因此,需要根据农田环境无线监测系统应用场景,设计出合适的农田环境无线监测系统组网协议。

在设计 MAC 协议时,需要考虑以下几个方面:

(1)节省能量。在无线传感器网络中,由于大多数设备都是电池供电,设备节点的能量较低,因此,设计的 MAC 协议需尽量保证降低网络节点的能耗,从而延长网络节点的生命周期。

(2)可扩展性。网络中节点的数量可能随时发生变化,随时有新的节点加入和退出,节点的移动也会导致网络分布密度不均匀。因此,设计的 MAC 协议要能够适应网络结构的变化,应具有可扩展性。

(3)算法复杂性。在无线传感器网络中,节点通常采用低成本的 MCU,其计算和存储能力有限,所以,设计的 MAC 协议在满足实际应用的同时,应尽量降低算法的复杂性。

首先,根据农田环境无线监测系统的设计需求,终端节点主要以网关下发控制命令为主;其次,通过星型的拓扑结构,采用点对点方式采集各个终端节点的信息,并上报给信息监控终端,因此,在系统中采用非竞争的集中式轮询 TDMA 协议,如图 2.9 所示。非竞争的集中式轮询协议避免了多个节点之间同时通信产生的信道冲突,减少了冲突重传引起的延时以及节点的能量损耗,设计逻辑简单,减少了算法复杂度。

在系统中,为了保证某些终端节点发生异常时能及时向网关节点发送故障报警信息,终端节点可在出现异常时,主动侦听信道,如果信道空闲,则立即向网关节点发送信息,否则延时一段时间之后再次进行尝试。网关节点收到终端节点报警信息后给予节点应答,如果终端节点没收到应答,则不断进行多次尝试,直至收到应答为止[23]。由于网关定时轮询时也能采集到故障节点的信息,且节点先侦听信道空闲才向网关发送异常信息,加上多个节点同时发生故障的概率较小,因此多个节点同时向网关发送信息引起冲突的概率极小。

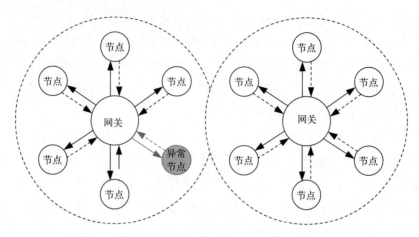

图 2.9　集中式轮询组网协议

每个终端节点和网关都有唯一的身份标识号(ID)，网关预先存储了所控区域终端节点的 ID 信息，网关和终端节点通电后，终端节点会保持入网监听状态。系统采用终端节点被查询即入网的方案，网关按存储的终端节点 ID 顺序，依次轮询各个终端节点，对应的节点收到信息后，向网关提交一次状态数据，之后终端节点表示入网成功，并进入后续的工作流程，否则终端节点处于未入网状态，并给出提示。如果网关轮询某个终端节点时没有收到应答，则会进行多次通信连接尝试，超过一定的次数依旧没有收到节点的数据，便判断该终端节点失效。当网关中添加新的节点地址信息时，会立即对新添加的节点发送轮询指令，将新的终端节点加入网络。集中式轮询 TDMA 协议有效避免了多个终端节点同时竞争信道引发的冲突，在一定程度上避免了冲突重传导致的功耗与延时。此外，主从式的轮询组网方式便于网关增加新的终端节点，扩充系统的容量。

待整个农田区域的终端节点成功入网后，通过系统下发查询指令或网关定期进行轮询终端节点的状态，收到轮询指令的各个终端节点依次将状态信息提交给网关，并由网关转发给信息监控终端。

将无线传感器网络应用到农业环境监测中，为农田的信息采集与处理提供了一个新手段[24]。由于农田覆盖面积很广，需要足够多的传感器节点协同工作，各个节点具有数量庞大、单个节点资源有限、监测信息量丰富、节点采用能量有限的电池作为能源且电池无法更换等特点，因此在上述研究的基础上，农田环境无线监测系统需要研究以下关键技术：物联网协同感知技术和低功耗传输技术(基于 LEACH 的分簇路由算法)。

第3章　WSN 智能协同感知技术研究

无线传感器网络是由大量部署在监控区域的具有感知、通信与计算能力的微小智能传感器节点构成的网络应用系统，是一种能够根据环境自主完成指定测控任务的智能化网络系统。它利用先进无线网络技术推进移动传感器网络的信息共享服务，可以有效解决广域分布、异构信息源的互联互通和互操作问题，满足农业灌溉对信息共享的需求。在无线传感器网络中，任意时刻多个传感器协作完成具体的测控感知任务，节点间通过无线方式连接，以协作的方式通过局部的数据采集、处理和交换完成全局任务，其应用体系结构的基础是通信网络，核心是系统的协同运行机制[25]。

3.1　协同感知技术

协同感知技术是综合了移动计算、传感器网络、人工智能、嵌入式技术、CSCW 的多学科交叉的新兴研究领域，无线设备的移动性为协同感知网络带来了挑战，如设备能量受限、网络带宽、网络频繁断接、设备处理能力、无线信号干扰等。

无线传感器节点虽然有独立解决问题的能力，但是由于独有的无线通信、能源限制、大规模高密度部署等特点，感知能力、处理能力和通信能力都非常有限，需要传感器节点之间相互协作来完成任务，因此，协同感知技术是无线传感器的热点研究方向。

3.1.1　协同感知技术特点

无线传感器网络协同感知技术的特点如下[26]。

(1)资源受限：每个传感器节点的感知范围、存储能力、通信范围、计算能力等都是有限的，无法处理大规模复杂问题。

(2)移动性：无线网络拓扑结构及空间位置动态变化，并且节点移动性会造成连接不稳定、传输不可靠、抗干扰能力差等现象，甚至还会出现网络断接。

(3)分布式特性：由于无线传感器网络的固有属性(全分布式网络，无固定结构和集中管理，自组织和端对端的通信)，在大多数情况下，单个传感器节点不可能获得网络的全局信息，为了提高网络性能，应该而且必须协同传感器节点的行为。

由于环境和本身条件的限制，节点之间必须要协作，无线网络协同感知实际上是为解决如何在这些节点之间进行协作而提出来的。

3.1.2 协同感知技术面临的问题

由于网络拓扑结构动态变化、网络规模超大、网络节点能力受限等特点，无线传感器网络协同应用面临如下问题[27-28]。

(1) 如何有效加强可扩展性能够适应网络规模超大的要求。

(2) 如何稳定地访问移动资源，解决节点间频繁断接带来的问题。

(3) 如何最优化地协同利用节点的计算、能量和资源。

(4) 如何面对资源通信失效及无线信号干扰。

(5) 如何根据局部信息实现全局目标。

(6) 如何在网络负载低时，协同机制保证完成任务。

协同感知应用的根本目的是协调传感器节点之间的行为，使其保持高度的一致性，以实现无线传感器网络的功能目标，关键在于如何从局部信息扩展到全局，此外，协同应用还有助于提高系统的鲁棒性与网络性能[29-30]。

3.1.3 协同感知关键技术

协同感知关键技术包括：①时间同步技术；②预测补偿技术；③协同检测调度技术。

3.2 时间同步算法改进

时间同步是一项举足轻重的支撑技术。导致时间同步问题的根本原因是各个节点产生其本地时间的晶体振荡器之间存在细微差异，还有外界环境(如电磁干扰、温度高低、电压变化、晶体老化等)的影响，各节点的时间总是处于不同步的状态。即使通过同步协议使所有节点达到同步，节点的时钟也会慢慢出现偏移和漂移，所以，不得不进行周期性的重同步来维持全网的时间同步[31]。

时间同步是节点之间协同合作、精确无误完成信息采集、数据处理和信号传输的重要保证。例如，在数据融合机制中，只有各节点间时钟统一，才能使各节点收集到的信息具备关联性，产生有意义的汇聚结果；在"休眠唤醒"节能模式中，大量节点需要同时进入休眠状态，又能被同时唤醒，这就需要精准的时间同步；在节点定位、分时调度等技术中，时间同步都是最为关键的一环。WSN 中遍布巨大数量的传感器节点，网络拓扑结构动态变化，即常常有节点退出网络(因为能量耗尽、遭遇攻击等)或者新节点加入网络, 这就要求时间同步机制有极强的扩展性、健壮性和抗干扰能力, 使个别节点的进出不会影响时间同步的进程。同时, 节点的能量、计算、存储能力、带宽十分有限, 因此, 在确保一定精度的前提下, 必须研究低通信开销、低复杂度的时间同步算法。

3.2.1　影响时间同步的关键因素

无线传感器网络时间同步协议的精度是时间同步协议的性能指标之一[32]。在无线传感器网络时间同步协议中, 消息传输延迟的计算精度决定了时间同步的精度。消息传输的非确定性延迟是影响父节点和子节点之间时间同步精度的主要因素。节点通过交互同步信息估算相应的参数, 然而同步信息在网络上传输会产生一定的时延, 如图 3.1 所示, 该时延包括以下几部分。

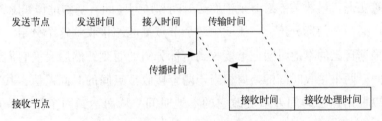

图 3.1　单向报文传递模型

(1)发送时间: 在应用层上构造分组并把分组传递到 MAC 层的时间, 包括时间同步应用程序的系统调用时间、操作系统的上下文切换时间和内核协议处理时间以及把消息从主机发送到网络接口的时间。发送时间是非确定性的因素, 最大可达到几百毫秒。

(2)接入时间: 在分组到达 MAC 层之后, 分组等待网络传输信道空闲的时间。这与底层的 MAC 协议密切相关, 在基于竞争的 MAC 协议中, 发送节点必须得到信道空闲后才能传输数据, 发送过程中产生冲突需要重传。访问延迟是分组传输延迟中最关键的因素, 它根据当前的网络流通情况在毫秒和秒之间变化。

(3)传输时间: 在物理层上传输分组的时间, 其中还包括了对分组的编码和把分组转换成电磁波形式的时间。传输时间主要依赖于分组的长度和无线电波的速度。

(4)传播时间: 一旦分组离开发送端之后, 从发送端到接收端无线传输的时间。这个时间依赖于节点之间的距离, 它在 300 m 范围之内都小于 1 μs。

(5)接收时间: 接收端将分组按照比特方式进行接收, 并且把分组传到 MAC 层的时间, 其中还包括把接收到的电磁波转换并译码成二进制数据的时间。从图 3.1 可以看出, 接收时间和传输时间是有重叠的。

(6)接收处理时间：把接收到的比特还原成发送者发送的分组，然后把分组传送到应用层的时间。接收处理时间会随着操作系统所引入的各种各样的延迟而改变。

3.2.2 无线传感器网络时间同步算法

3.2.2.1 参考广播同步（RBS）算法

RBS 算法利用了无线数据链路的广播信道特性，一个节点发送广播消息，接收到广播消息的一组节点通过比较各自接收到消息的本地时刻，实现它们之间的时间同步。在消息延迟中，发送时间和访问时间依赖于发送节点 CPU 和网络的瞬间负荷，所以随时间变化比较大且难以估计，它的发送时间和访问时间都是相同的。通过比较接收节点之间的时间，就能够从消息延迟中抵消发送时间和访问时间，从而显著提高局部网络节点之间的时间同步精度[32]。

RBS 算法通过接收节点对时抵消发送时间和访问时间，基本过程如图 3.2 所示。发送节点广播一个信标分组，广播域中两个节点都能够接收到这个分组，每个接收节点分别根据自己的本地时间记录接收到信标分组的时刻，然后交换它们记录的分组接收时间。两个接收时间的差值相当于两个接收节点间的时间差值，其中一个接收节点可以根据这个时间差值更改它的本地时间，从而达到两个接收节点的时间同步。

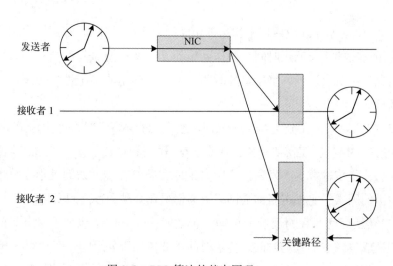

图 3.2 RBS 算法的基本原理

RBS 算法不是通过发送节点的时间值，而是通过广播同步指示分组实现接收节点间的相对时间同步，信标分组本身并不需要携带时标，何时准确发送出去也不是非常重要。正是由于无线信道的广播特性，标识分组相对接收节点而言同时发送到物理信道上，才能够去除发送时间和访问时间引入的时间同步误差。RBS 算法通过去除这两个主要误差源来提高时间同步的精度。

影响 RBS 机制性能的主要因素包括接收节点间的时钟偏差、接收节点非确定因素和接收节点的个数等[33]。为了提高时间同步精度，RBS 机制采用了统计技术，通过发送节点发送多个消息，获得接收节点之间的时间差异的平均值。对于时钟偏差问题，采用了最小平方的线性回归(least squares linear regression)方法进行线性拟合，直线斜率就是两个节点的时钟偏差，直线上的点表示节点间的时间差异。

RBS 的缺点是对网络有一定的要求，它不适合点对点通信的网络，且要求网络有物理广播信道。扩展性不好，因为节点间本地时间戳通信需要额外的消息交换开销，不能很好地应用到大规模的多跳网络中。RBS 有很大的交换次数，对于具有 n 个节点的单跳网络，需要 $O(n^2)$ 的消息交换，如果 n 很大，消息交换开销是相当大的，导致节点的计算开销也非常大。RBS 中接收节点之间进行相互同步，但并不与发送节点同步；实际上，在 WSN 中，发送节点很可能也是一个普通的网络节点，因而也需要同步，为使该节点和其他节点同步，需要另外一个节点作为参照广播发射节点，这便产生了相当高的能耗。

3.2.2.2　传感器网络定时同步协议(TPSN)算法

TPSN 算法是类似于传统网络时间协议(NTP)的无线传感器网络时间同步算法，目的是提供全网范围内节点间的时间同步，属于类客户服务器模式。

TPSN 算法假设网络中的每个传感器节点具有唯一的 ID，节点间的无线通信链路是双向的，通过双向的消息交换实现节点间的时间同步。在网络中有一个根节点，根节点可以配备像 GPS 接收机这样的模块，接收准确的外部时间，并作为整个网络系统的时钟源；也可以是一个指定的节点，不需要与外部进行时间同步，只是进行无线传感器网络内部的时间同步。TPSN 采用层次型网络结构，首先将所有节点按照层次结构进行分级，然后每个节点与上一级的某一个节点进行时间同步，最终所有节点都与根节点达到时间同步。TPSN 可以分为两个阶段。

第一阶段称为层次发现阶段(level discovery phase)。在网络部署后，根节点首先广播级别发现分组，启动层次发现阶段。级别发现分组包含发送节点的 ID 和级别。根节点是 0 级节点，在根节点广播域内的节点收到根节点发送的分组后，将自己的级别设置为分组中的级别加 1，即为第 1 级，然后将自己的级别和 ID 作为新的发现分组广播出去。当一个节点收到第 i 级节点的广播分组后，记录发送这个广播分组的节点的 ID，设置自己的级别为 $(i+1)$。这个过程持续下去，直到网络内的每个节点都具有一个级别。如果节点已经建立自己的级别，就忽略其他的级别发现分组，以防止网络产生洪泛拥塞。

第二阶段称为时间同步阶段(synchronization phase)。层次结构建立以后，根节点就会广播时间同步分组，启动时间同步阶段。第 1 级节点收到这个分组后，在等待一段随机时间后，向根节点发送时间同步请求消息包，进行同步过程，与此同时，第 2 级节点在侦听到第 1 级节点发送的时间同步请求消息包后，也开始自己的同步过程。这样，时间同步就由根节点扩散到整个网络，最终完成全网的时间同步。

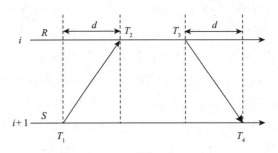

图 3.3　TPSN 算法的基本原理

TPSN 算法中两个节点之间交换时间消息的原理与 NTP 协议相似[34-35]。如图 3.3 所示，上、下两条横线分别代表第 i 级的节点 R 和第 $i+1$ 级节点 S 的时间。同步开始于第 $i+1$ 级节点 S，S 向 R 发出一个时间同步请求消息，并且用本地时间记录下来发送时刻 T_1，R 收到 S 的请求消息后，用自己的本地时间记录下来消息到达的时刻 T_2，$T_2 = (T_1 + d + \Delta)$，然后 R 返回给 S 一个应答消息，并且记录应答消息的发送时刻 T_3，这个应答消息中包括 T_1、T_2、T_3 三个时间量，S 接收到 R 的应答消息后，记录消息到达时刻 T_4，$T_4 = (T_3 + d - \Delta)$。其中，Δ 表示两个节点之间的时间偏移，d 表示消息的传播时延，假设请求消息和应答消息的传播时延相等，可以推出：

$$\Delta = \frac{(T_2 - T_1) - (T_4 - T_3)}{2} \tag{3-1}$$

$$d = \frac{(T_2 - T_1) + (T_4 - T_3)}{2} \tag{3-2}$$

节点 S 在计算时间偏移后，将它的本地时间同步到 R。

在发送时间、访问时间、传播时间和接收时间四个消息的时延组成部分中，访问时间一般是无线传输消息时延中最不稳定的部分。为提高两个节点间的时间同步精度，TPSN 协议在 MAC 层的消息开始发送到无线信道的时刻，才为同步消息标注上时间标度，消除了由访问时间带来的时间同步时延。另外，TPSN 协议考虑到传播时间和接收时间，利用双向消息交换计算消息的平均时延，提高了时间同步的精度。TPSN 协议的提出者在 Mica 平台上实现了 TPSN 和 RBS 两种机制，对于一对时钟为 4 MHz 的 Mica 节点，TPSN 时间同步平均误差是 16.9 μs，而 RBS 是 29.13 μs。如果考虑 TPSN 建立层次结构的消息开销，则一个节点的时间同步需要传递三个消息，协议的同步开销比较大。

TPSN 算法能够实现全网范围内节点间的时间同步，同步误差与跳数距离成正比增长。它实现短时间全网节点的时间同步，如果需要长时间的全网节点时间同步，则需要周期性执行 TPSN 算法进行重同步，两次时间同步的时间间隔根据具体应用确定。TPSN 算法的一个显著不足是没有考虑根节点失效问题。新的传感器节点加入网络时，需要初始化层次发现阶段，级别的静态特性减少了算法的鲁棒性。

3.2.2.3　延迟时间测量同步(DMTS)算法

DMTS 算法是一种单向同步算法。DMTS 的出发点是牺牲部分时间同步精度换取较低的计算复杂度和能耗，它的实现方法是利用同步报文在传输路径上所有延迟的估计，实现节点间的时间同步。DMTS 为了较准确地测量发送方到接收方的单向时间延迟，采取了以下方法：

(1)发送方在检测到信道畅通时才给即将发送的时间包标记时间戳并立即发送，从而避免了发送时间和访问时间对同步精度产生的影响；

(2)DMTS 算法通过数据发射速率和发射数据的位数(bits)对发射延迟(包括发射前导码及起始符的时间和发射数据的时间)进行估计；

(3)接收方在 MAC 层给同步包标记一个到达时间戳，并在接收处理完成时再标记一个时间戳，通过这两个时间戳的差值来估计接收处理延迟。

DMTS 机制在多跳网络中采用层次型分级结构实现全网内节点的时间同步，多跳 DMTS 算法采用分层同步的方法：首先选取一个节点作为时间首领(leader)，并赋予其时间源层次 0，能够直接收到 leader 时间同步消息的节点赋予时间源层次 1，以此类推，能直接收到层次为 $n-1$ 节点时间同步消息的节点被赋予层次行。leader 周期性的广播时间消息，时间源层次 1 的节点在收到同步消息后，调整自己的时钟使之与 leader 节点(即根节点)同步；同样，层次 n 的节点与层次 $n-1$ 的节点进行时间同步，最终所有节点都与根节点同步，从而取得 WSN 的全局时间同步[36]。

DMTS 算法是一种灵活的、轻量的和能量高效的能够实现全部网络节点时间同步的机制，结合链路层标记时间戳和时延估计等技术，消除了发送时间和访问时间的影响，算法简单，通信开销小。DMTS 单跳同步误差受同步精度和计时精度影响。多跳精度随跳数的增加而下降，由于误差的正负相加抵消了一部分，两跳的误差约为单跳误差的 1.5 倍。

DMTS 算法没有估计时钟的频率偏差，时钟保持同步的时间较短；也没有消除时钟计时对同步精度的影响，因而其精度不高，在实现复杂度、能量高效与同步精度之间进行了折中，能够应用在对时间同步要求不是非常高的传感器网络中。

3.2.2.4 洪泛时间同步协议(FTSP)算法

FTSP 算法是一种很实用的时间同步算法，属于典型的发送方-接收方时间同步模式。适合用于对同步精度有严格要求且资源受限的 WSN 平台。这个算法综合考虑了能量感知、可扩展性、鲁棒性、稳定性和收敛性等方面的时间同步要求。该协议的高精度性能来源于发送节点和接收节点都采用了 MAC 时间戳技术，并且对包括时钟漂移估计在内的误差进行补偿。但是在时间同步能量消耗方面，FTSP 算法所带来的能量消耗开销巨大。

发送节点在完成 SYNC 字节发送后，在 MAC 层给以后发送的每个字节标记时间戳，接收节点在接收完 SYNC 字节后也做同样的标记，这样在发送节点和接收节点处都获得了多个时间戳，当消息传输完后，双方分别对这些时间戳做同样的处理。最后接收节点获得(全局时间，本地时间)时间对，从而得到相对于发送节点的偏移，调整本地时钟。

FTSP 算法对时钟的频偏进行了线性回归分析。FTSP 算法考虑到在特定时间范围内节点时钟晶振频率是稳定的，因此节点间时钟偏移量与时间呈线性关系，通过发送节点周期性广播时间同步消息，接收节点取得多个数据对，并构造最佳拟合直线 $L(\text{time})$。通过最佳拟合直线 $L(\text{time})$，在误差允许的时间间隔内，节点可以直接通过 $L(\text{time})$ 计算某一时间点节点间的时钟偏移量而不必发送时间同步报文进行计算，从而减少了消息的发送次数，并降低了系统能量开销。

FTSP 协议假设传感器网络中的每个节点有唯一的 ID，整个网络中有一个根节点，根节点就是选中的同步源。同步从根节点开始，时间同步消息采用广播的方式发送。未同步节点接收到已同步节点广播的时间消息包后，从消息包中得到本地时间与全局时间的时间漂移和时间偏移，调整自己的本地时间，使之与全局时间达到一致。在节点完成同步后，生成一个新的时间消息包广播出去，依次达到全网的时间同步[37]。多跳网络的 FTSP 协议采用层次结构，根节点属于 0 级，根节点广播域内的节点属于 1 级节点，以此类推，级别 i 的节点同步到级别为 $i-1$ 的节点。所有节点周期性的广播时间消息，当 i 级节点收到 $i-1$ 级节点的时间消息，达到同步后，生成新的时间消息，然后广播出去。依次，时间同步从级别小的节点扩散到级别大的节点，最后达到全网的时间同步。

FTSP 协议还考虑了根节点失效的情况。当根节点失效后，其他节点就接收不到新的时间消息，在经过几个同步周期的等待后，如果还没有接收到时间消息，那么节点宣布自己成为根节点，并将自己的 ID 广播出去，经过新一轮的根节点选择，最终确定一个 ID 最小的节点作为新的根节点。

3.2.2.5　几种时间同步算法的比较

目前的传感器时间同步方法大多都是在这几个时间同步协议的基础上针对不同应用作出的改进。由于无线传感器网络在应用环境中表现出来的特点不同，对时间同步的要求也不一样，所以上述几种算法针对具体应用环境也表现出不同的特点。几种算法从同步方式、同步范围、同步精度、能量有效性、算法复杂度以及算法收敛度几个方面进行比较，结果见表 3-1。

表 3-1　各种同步算法的比较

对比类别	RBS 算法	TPSN 算法	DMTS 算法	FTSP 算法
同步方式	按需	连续	按需	连续
同步范围	局部	全网	全网	全网
同步精度	较高	较高	较低	较高
能量有效性	较差	一般	较好	一般
算法复杂度	中等	简单	简单	中等
算法收敛度	一般	一般	较长	较长

通过分析，TPSN 算法用泛洪广播的方式构造层次树，然后用双向成对的方法进行上、下层节点间的时间同步，但它没有有效地利用泛洪广播的信息，致使同步阶段消息开销较大。TPSN 算法采用在 MAC 层做时间标记达到了 16.9 μs 的同步精度，因此在设计算法时可以考虑采用 MAC 层标记的方法提高同步精度。RBS 算法在单跳内有较好的同步精度，但不适合用来进行多跳节点间的同步，对于分簇网络可以考虑用这种方法同步簇内节点。对于一些对精度要求不高、要求计算复杂度低的应用，可以考虑用 DMTS 算法。根据不同的应用环境，也可以用多种方法结合进行网络同步。在多种条件衡量下，没有一种算法是最优的。对于不同的应用，可以从多方面权衡来选择合适的算法。对于不同的设计目标，每个算法都有优于其他算法的地方，可以相互借鉴来设计出更好的同步算法。

3.2.3　改进的 DMTS 算法

农业环境无线监测网络要实现多参量协同感知，必须要求一个统一的时间基准，因此，时间同步在 WSN 网络中显得很重要。在 WSN 应用中，监测节点是每隔一个特定的时间 T_{per} 发送监测数据，为了降低能耗，WSN 时间同步通常是利用此通信机会来开展。考虑到同步过程中存在某节点繁忙，本地时钟无法及时得到修正和降低节点能耗的问题，可将节点的同步频率降低，设置同步时间周期为 $N \times T_{per}$，其中 N 的确定主要由各节点晶体振荡器间的差异和节点时间偏移程度来确定。在正常情况下，WSN 节点在 T_{per} 的大部分时间内都处于休眠状态，其 MCU 系统时钟停止工作，仅 RTC 时钟处于工作状态，因此，时间同步只需校准 RTC 晶振的时钟计数即可，为此可采用基于 DMTS 算法的时间同步算法。

基于 DMTS 的同步过程如图 3.4 所示。WSN 的时钟同步信息由报文进行传递，报文的传递必然带来延时抖动，必须通过传输延迟测算方法来计算时间偏移，进而实现基于时钟偏移修正的时间同步。它的基本实现过程包括：各节点获得参考时间、测算时间传输误差和修正本地时钟。由图 3.4 可知，每个子节点都是将其时钟同步到汇聚节点。为此，可设计如图 3.5 所示的同步数据帧格式，通过该同步数据帧，WSN 的同步周期 $N×T_{per}$ 在应用中可以动态调整，以适应实际运行的需要。

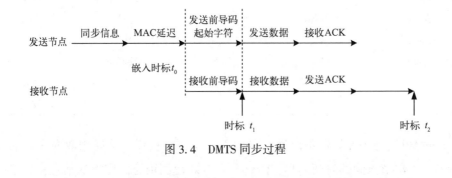

图 3.4　DMTS 同步过程

同步引线码	广播地址	同步数据	同步周期数 N

图 3.5　同步数据帧格式

基于同步数据帧在传输路径上延迟的估计，为了消除发送端发送时延和 MAC 访问时延的影响，汇聚节点在发送数据时，给同步广播分组在 MAC 层加上时间标记 T_i（$i=1$，2，$\cdots$，n）。这时为了便于子节点的同步，需要发送同步前导码，根据发送数据比特数 k 和每个比特的传输时间 t，可以计算出同步前导码的发送时间为 kt。子节点 j 在接收完同步前导码后，打上第 1 个本地时间标记 t_{1_ji}，待子节点接收并处理完同步信息后，再加上第 2 个本地时间标记 t_{2_ji}，子节点处理延迟为 $t_{2\_ji}-t_{1\_ji}$。如果忽略网络传输延迟，则子节点从 T_i 到调整时钟前，经历的时间延迟为 $kt+(t_{2\_ji}-t_{1\_ji})$，那么子节点 j 的本地时钟 t_{ji} 调整为

$$t_{ji} = T_i + kt + (t_{2\_ji} - t_{1\_ji}) \qquad (3-3)$$

在应用中，存在某些子节点可能正处于繁忙无法及时接收同步信息而错过一次时间同步的问题。为此可减少节点的同步频率，采用分段拟合的方法，通过子节点的自校准来实现时间同步。基于分段拟合的时间自校准方法设计如下：子节点 j 记

录下最近 l 个（$l \leqslant n$）汇聚节点发送的标准时间 T_i，同时记录 l 个本地标记时间对 (t_{1_ji}, t_{2_ji})，获得 l 个时间标记序列 $(T_i, t_{1\_ji}, t_{2\_ji})$。由于本地标记时间 (t_{1_ji}, t_{2_ji}) 之间的关系，主要体现了子节点信息处理速度，可以近似地看作是线性关系，为此采用一元线性回归的方法，将记录的时间标记 t_{1_ji}、t_{2_ji} 代入下式，即可获得最佳拟合曲线 $t_1 = at_2 + b + \varepsilon$。

$$\begin{cases} t_1 = at_2 + b + \varepsilon \\[2mm] a = \dfrac{\sum\limits_{i=1}^{l}(t_{2\_ji} - t_2)(t_{1\_ji} - t_1)}{\sum\limits_{i=1}^{l}(t_{2\_ji} - t_2)^2} \\[2mm] b = t_1 - at_2 \end{cases} \qquad (3-4)$$

式中：t_1、t_2 分别是本地第 1、第 2 标记时间 t_{1_ji}、t_{2_ji} 的期望值。

汇聚节点发送的标准时间 T_i 和本地第 1 标记时间 t_{1_ji} 之间的关系，因受到较多因素的影响，采用多项式进行拟合。

若子节点在 $N \times T_{per}$ 周期内无法收到汇聚节点的标准时间实现同步，则子节点采用分段拟合进行自校准，基本过程为：子节点将调整本地时钟前的时间记为 $t_{2\_j(i+1)}$，先用最佳线性拟合可获得 $t_{1\_j(i+1)}$，进而用多项式拟合估算出此时的标准时间 T_{i+1}，最后用式(3-4)实现子节点时钟的同步校准。

异常数据将会极大影响分段拟合的准确性，为此，使用线性外推法来剔除异常数据点对拟合曲线的影响，该方法的基本思想是认为正常的数据是"平滑"的，而奇异点是"突变"的。它计算时间标记 t_{2_ji} 样本方差的更新值：

$$\sigma^2(i) = \overline{t^2_{2\_ji}} - [\overline{t_{2\_ji}}]^2 \qquad (3-5)$$

式中：$[\overline{t_{2\_ji}}]^2$ 是先对数据作平滑后再平方得到的值；$\overline{t^2_{2\_ji}}$ 是先对数据取平方后再作平滑而得到的值。开平方后可得到标准差 $\sigma(i)$。

在分段拟合前，检查下一数据点 $t_{2\_j(i+1)}$ 是否为奇异点，如果

$$\overline{t_{2\_ji}} - n_q\sigma(i) < t_{2\_j(i+1)} < \overline{t_{2\_ji}} + n_q\sigma(i) \qquad (3-6)$$

则认为 $t_{2\_j(i+1)}$ 是可以接受的。n_q 是根据样本情况设定的适当数值，$3 < n_q < 9$。如果 $t_{2\_j(i+1)}$ 被认为是奇异点，则可以用 $\hat{t}_{2\_j(i+1)}$ 来代替，即

$$\hat{t}_{2\_j(i+1)} = 2t_{2\_ji} - \hat{t}_{2\_j(i-1)} \qquad (3-7)$$

改进的 DMTS 算法在图 3.6 所示的生态环境无线监测网络中开展应用试验。

本试验采用 10 个节点，节点编号为 nd1～nd10，节点处理器采用 TI 的 CC2530F256 射频芯片，该芯片支持算法在 MAC 层打时间标记，选用 32 MHz 石英

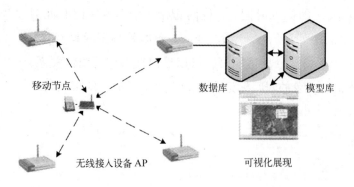

图 3.6 实验模型及 WSN 节点

晶振作为节点的振荡时钟源。选择节点 nd10 作为汇聚节点，其他节点与中心汇聚节点的距离为 10~15 m，组成一个时间同步试验系统开展单跳时间同步测试。设置中心汇聚节点 nd10 的系统监测周期 T_{per} 为 5 s，在奇异值判定时，根据实际情况，选择 n_q 为 6。

为了查看网络中各节点的同步精度，设同步周期为 5 s，同步误差的监测查询时间为 10 000 s，以节点 nd1 和节点 nd9 为例，节点 nd1 每个同步周期都能够实现同步，采用式(3-3)进行，节点 nd9 模拟错过时间同步机会的节点，每隔一个周期才能利用通信机会使用式(3-3)进行同步，在无法收到同步时间的周期内，用分段拟合方法进行同步校准。图 3.7 和图 3.8 分别为节点 nd1 和节点 nd9 的同步误差曲线。

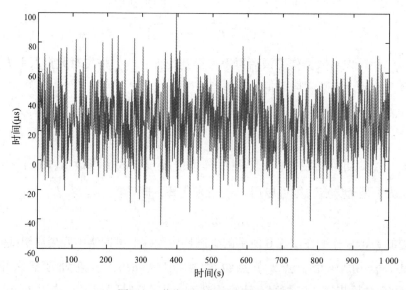

图 3.7 节点 nd1 的同步误差曲线

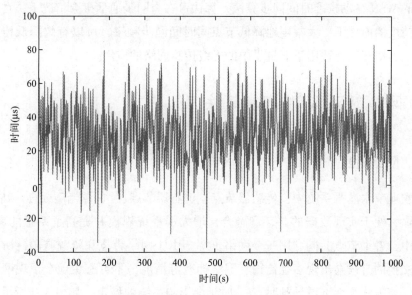

图 3.8　节点 nd9 的同步误差曲线

图 3.7 中，节点 nd1 的同步误差均值为 27.33 μs，方差为 483.45；图 3.8 中，节点 nd9 的同步误差均值为 29.67 μs，方差为 317.37；节点的误差相差不大，都在 30 μs 内，具有较好的同步精度，但节点 nd9 的方差小，数据波动小，这是因为节点 nd9 在无法实时同步时，采用前次时间标记进行分段拟合校准，其数据变化相对平滑。

设置不同的 N 值，逐步增大所有节点同步周期，考察节点的同步误差情况。表 3-2 为节点 nd2 在不同同步周期下的误差均值。

表 3-2　节点 nd2 在不同同步周期下的误差均值

N	同步周期(s)	平均同步误差(μs)
1	5	26.86
2	10	28.97
3	15	31.89
4	20	37.63
5	25	54.73

由表 3-2 可知，当 N 设置为 4，即每隔 $N \times T_{per} = 20$ s 同步一次，节点 nd2 的同步误差均值仍然为 37.63 μs，说明增加同步周期，降低同步频率，仍然能够保持较高的同步精度，而此时，时间同步给所有节点带来的额外开销也可大大降低。但 $N>4$ 时，其同步误差增加明显，因此，在本试验环境下，最大同步周期间隔可设为 4。

由此可知，针对资源、能量受限的传感器网络时间同步，研究提出一种基于分段拟合的 WSN 自动校准时间同步算法，算法可在有同步通信机会情况下，在满足一定同步精度的前提下，大幅度地降低节点间时间同步频率，可以有效降低传感节点的能量及通信开销，适用于能量受限的无线传感网络的应用。

3.3　网络时延预测补偿算法

3.3.1　网络时延

在农业节水灌溉系统中，传感器节点、控制器节点、执行器节点通过 WSN 进行数据传输，便于实现数据的共享和融合，增大了系统规模并提高了系统的灵活性。在系统中，各个节点共同利用一个网络资源。由于网络带宽和资源有限，所以节点在数据交换的时候会出现多径传输、网络拥塞等情况，不可避免地会出现网络延迟的现象，这被称为网络诱导延时[38]。时延会影响系统的稳定，如图 3.9 所示。根据不同节点之间的数据传输可知，系统中的时延包括控制器到执行器的时延 τ_{ca}、控制器计算产生的时延 τ_c、传感器到控制器时延 τ_{sc}。其中，τ_{ca} 是前向通道的传输时延，在控制器算法影响之后，无法计算，只能预测；τ_{sc} 是反馈通道时延，可通过控制器的算法来抵消它产生的影响[39]；τ_c 是控制器计算控制量产生的时间，由于计算机运算速度的增加，一般在对时延进行分析时暂时忽略。在网络控制系统当中，控制器和执行器一般采用事件驱动，因此，可以将以上介绍的三部分时延放在一起分析，即系统的总时延为 $\tau(k) = \tau_{ca}(k) + \tau_c(k) + \tau_{sc}(k)$，之后就可以对合并后的时延进行分析和预测。

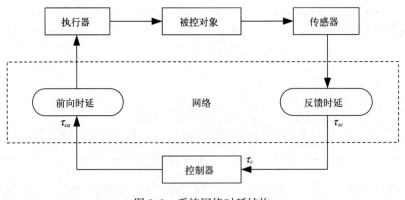

图 3.9　系统网络时延结构

3.3.2　网络时延计算

网络传输时延主要分为单程时延(one-way)和往返时延(round-trip)，其基本单位为 s。单程网络传输时延指在因特网上信息从一个节点计算机发送到另一个节点所需的时间，主要由路由时延、打包时延、传送时延、传播时延、处理时延及排队时延等组成[40]。通常意义上的网络传输时延测量是指往返时延，即测量报文从发送方开始发送时计时，接收方在接收到该报文后立即返回给发送方，发送方接收到该测量报文后停止计时，此时发送方所得的时间间隔为往返时延。对于现场总线和局域网来说，由于可以应用时钟同步方法使得每一个节点时间同步，所以可以计算单程时延作为网络延迟，即计算一个数据包从一个主机到另一个主机的传输时间。而对于大范围的分布式网络（如因特网），由于两地的系统时钟很难精确同步，故不能用以上方法计算网络时延，因此引入往返时延（RTT）的概念。单程网络传输时延的测量原理如图 3.10 所示，a 是 WSN 的一个节点，b 是另一个节点，设 a、b 两节点的时钟同步，记录 a 节点发送消息的时刻为 t_1，再记录 b 节点接受时刻为 t_2，则单程延迟 $\tau = t_2 - t_1$。

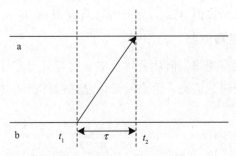

图 3.10　单程网络时延测量原理

往返网络传输时延是一个数据包从一个主机传到另一个主机又往回传所花的时间。近似的单程时延可通过 $\tau = RTT/2$ 得到。因此，这里将用往返时延代替时间延迟进行网络时延的分析[41]。采用单程网络传输延迟相似的模型，a 是 WSN 上的一个节点，b 是另一个节点，设 a、b 两节点的时钟不是同步的，那么，往返网络传输时延测量原理如图 3.11 所示。

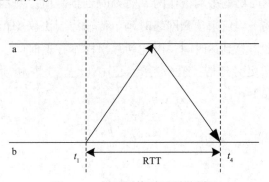

图 3.11　往返网络时延测量原理

每次测量往返时间可得到 4 个时间标签，t_1 为发送时刻，t_2 为接收时刻，t_3 为返回时刻，t_4 为返回到达发送节点时刻。其中，t_1、t_4 由发送端标识，t_2、t_3 由接收端标识。由于 t_3-t_2 是接收端的处理时间，但处理时间远远小于传输时间。因此，可近似认为 $t_3-t_2=0$，故

$$RTT = t_4 - t_1 \qquad (3-8)$$

因此，只需获得发送节点的两个时间戳，即可得到往返时延值。

3.3.3 网络时延预测算法

3.3.3.1 控制器时延窗口预测法

通过建立网络连接，使控制器节点能获得传感器节点采样周期 h，作为对 τ_k^{sc} 的估计[42]。通过预先在连接过程中设定数据帧优先级，使 τ_k^{ca} 与 τ_k^{sc} 的特征一致，由此可得到 τ_k 的特征。τ_k^{sc} 的特征可通过在控制器中设置一个时延窗口获得，此窗口存储时延当前值和历史时延估计值 $\{\tau_{k-M+1}^{sc}, \cdots, \tau_k^{sc}\}$ 共有 M 项。

3.3.3.2 推理规则表预测法

尽管系统中时延没有规律，但从总体上看，时延是分布在一个时间区域内。因此，可以通过分析历史时延信息，给出时延信息的总体分布规则表，按照分布规则预测时延状况。

3.3.3.3 神经网络预测法

由于神经网络的非线性辨识能力、自适应和自学习机能，近年来，其在时延预测中得到了较为广泛的应用。针对网络时延变化的不同情况，利用线性神经网络和径向基函数网络技术对时延进行预测比较，可以得到各自在时延预测中的使用条件。

3.3.3.4 平均时延窗口预测算法

通过滑动窗口获取距离要预测时刻最近一段时间内的时延历史信息，在预测开始之前，首先由当前的网络状况确定滑动窗口宽度 n。选取 $k-1$，$k-2$，$\cdots$，$k-n$ 时刻接收到的实际网络时延的平均值作为 k 时刻时延预测值。基本设计思想是利用可变滑动窗口内信息的平均值来预测网络时延。传输控制协议（TCP）对每个报文段都记录下发送的时间和信息到达时间，由此计算出样本往返时间。通过时延窗口存储设置在控制器中的历史时延估计值 $(\tau_{k-1}, \tau_{k-2}, \cdots, \tau_{k-M+1})$ 共 M 项，来预估下一时刻的网络时延，算法如下：

$$\tilde{\tau}_k = \begin{cases} \sum_{i=1}^{k} \dfrac{\tau_i}{k}, & k < M \\ \sum_{i=k-M+1}^{k-1} \dfrac{\tau_i}{M}, & k \geq M \end{cases} \qquad (3-9)$$

式中：$\tilde{\tau}_k$ 是预测值；M 是时延窗口大小；$\tilde{\tau}_k$ 可由前 M 个时延计算平均值得到。

3.3.3.5　加权时延预测算法

平均时延窗口预测方法简单易用，具有一定的普遍性。但是对于滑动窗口的选取，以及当网络发生剧烈变化的情况下，滑动窗口如何变化的问题没有一定的理论依据。平均时延窗口预测法适用于时延变化不剧烈的网络环境，当网络流量正常，没有异常时延的情况下，可以进行有效的预测。然而存在着以下不足：一是对网络时延趋势预测不足；二是某采样时刻如果数据包丢失，时延无穷大，下一采样时刻的时延将无法预测。

因此，可以采用加权时延预测方法来进行在线时延估计，克服平均时延窗口预测的一些不足。加权时延预测算法的基本思想是：把过去的往返时间存储起来作为一个加权平均值，每当得到一个新的往返样本，TCP 就修改这个连接的平均往返时间，再使用新的样本返回值来逐步修改这个平均值，表达式如下：

$$\tilde{\tau}(k+1) = a \times \tilde{\tau}(k) + (1-a) \times \tau(k) \qquad (3-10)$$

式中：$\tilde{\tau}(k+1)$ 代表第 $k+1$ 个采样周期的时延预测值；$\tilde{\tau}(k)$ 是第 k 个采样周期的预测值；$\tau(k)$ 是得到的新的往返样本，即第 k 个采样周期的实际网络时延值。每当得到新的往返样本之后，就修改这个连接的往返时延预测值。a 为加权因子，选用的 a 值接近 1，则加权平均值对短暂的时延变化不敏感，网络状态比较平稳，当 a 值接近 0，则加权平均值很快跟随时延变化，网络状态不平稳。

3.3.4　基于时间同步的预测补偿算法

在 WSN 节水灌溉网络监测中，要保证协同准确监测，需要建立一个具有统一时间基准的监测网络，通过预测的方法改善由于网络不确定性造成的传感器信号采样延时问题[43]。

传感网络中，传感节点通过网络将检测信息发送至中心节点(控制中心)，网络时延将导致系统除了正常采取信息外，还会出现空采样和多采样的情况，如图 3.12 所示。t_0 时刻为网络时延后的正常采样，t_1、t_3 时刻存在空采样，在 t_2、t_4 时刻存在多采样，甚至由于网络传输的原因，出现先采集的信息后到的现象。为了满足传感监测系统的时间特性要求，通常需要对网络化信号进行实时动态预测补偿，通过预测来改善网络化信号的延时与丢失问题。

由图 3.12 可知，要实现预测补偿，可以通过以下两步实现：①通过时间同步，使得整个系统有一个统一的时间基准；②获得网络的传输延迟值 t_{NW} 进行预测补偿。

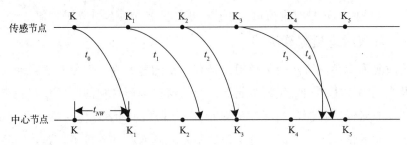

图 3.12　传感信息网络采样原理

　　网络化信号经过一个时间周期就会进行一次时间同步，通过时间同步，不仅可以使整个系统有一个统一的时间基准，还可以获得网络的传输延迟测算值 t_{NW}。在一个同步周期内，可认为网络传输延迟基本相同，这样可对传感采样通过多项式预测来解决延迟补偿问题[44]。

　　设中心节点根据时间标记，分别获得了最近的 M 个网络传感信息 $Y(t) = [x_{i,M}, x_{i,M-1}, \cdots, x_{i,1}]^{T}$（$i$ 为传感器编号，$1<i<k$，k 为传感器数量），则可得到传感信息 x_i 的动态预测信息。

$$x_{i,(M+1)} = \sum_{1}^{A_N} a_{N,1} n_{i+1}^{1} \tag{3-11}$$

式中：A_N 为多项式模型阶次；$a_{N,1}$ 为多项式模型参数。设模型参数 $\boldsymbol{A} = [a_{N,A_N}, \cdots, a_{N,1}, a_{N,0}]^{T}$，$\boldsymbol{X} = \begin{bmatrix} n_1^{A_N} & \cdots & 1 \\ \vdots & \ddots & \vdots \\ n_k^{A_N} & \cdots & 1 \end{bmatrix}$，$\boldsymbol{Y} = [x_1, x_2, \cdots, x_k]^{T}$，且有 $\boldsymbol{X}^{T}\boldsymbol{X} = \boldsymbol{W}$，且 $|\boldsymbol{W}| \neq 0$，则由最小二乘方法可求出模型参数 $\boldsymbol{A}$ 为

$$\boldsymbol{A} = (\boldsymbol{X}^T\boldsymbol{X})^{-1}\boldsymbol{X}^T\boldsymbol{Y} = \boldsymbol{W}^{-1}\boldsymbol{X}^T\boldsymbol{Y} \tag{3-12}$$

式中：$\boldsymbol{W}^{-1}\boldsymbol{X}^T$ 只与 $n_i (i = 1, 2, \cdots, K)$ 有关，一旦确定 n_i，就可以预先计算出 $\boldsymbol{W}^{-1}\boldsymbol{X}^T$。在预测计算中只需将新获得的网络传感信息更新到矩阵 $\boldsymbol{Y}$，用式（3-12）进行参数估计，即可实现传感信息的实时预测，同样基于该多项式模型，可通过插值来补充网络丢失的数据。

　　本仿真试验采用 6 个无线传感节点，节点编号为 nd1～nd6，选择节点 nd6 作为中心汇聚节点，组成一个时间同步试验系统，初步开展单跳时间同步测试。

　　为了查看网络中各节点的同步精度，设同步周期为 5 s，同步误差的监测测试时间为 10 000 s，以节点 nd2 为例，节点 nd2 的同步误差曲线如图 3.13 所示。节点 nd2 的同步误差均值为 29.03 μs，方差为 493.56，表明具有较好的同步精度，可以适应现场实时监测及控制的需要。

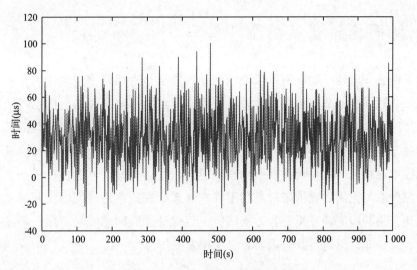

图 3.13　节点 nd2 的同步误差曲线

由于实验条件的限制，将利用虚拟仪器 LabVIEW 的仿真方法来进行传感信息动态预测分析。搭建的基于 LabVIEW 的传输网络仿真平台高、低优先级数据到达率、服务率分别为 $\lambda_F = 100$、$\lambda_S = 95$、$\mu_F = 200$、$\mu_S = 100$，采用排队模型和自适应包丢弃拥塞控制策略进行通信分析。经过分析，该传感数据网络在无拥塞丢包的情况下，网络的平均时延为 206.67 ms。在实验中，所有监测数据传输到中心节点后进行预测补偿，预测补偿结果如图 3.14 所示，网络传感信息的最大预测补偿误差为 0.49%，较大的相对误差出现在 0 值和低检测值附近。WSN 在时间校正的同时，实现了延时预测补偿。

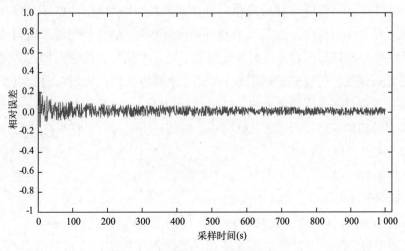

图 3.14　网络传感信息预测补偿误差

3.4 协同检测调度模型

物联网感知层处于物联网体系架构的基础底层，占据着重要地位。其涉及技术很多，如物联网感知节点传感芯片设计技术、节点通信协议技术、传感器网络体系结构、传感器网络部署及性能评价、射频识别（RFID）技术、信息安全与隐私、与互联网的接入技术、传感器网络的质量服务、多传感器信息融合等，感知层设备不是简单测控单元接入，而是需要基于物联网感知设备多样性、异构性、复杂性，研究解决信息获取与控制过程带来一系列不确定和系统非线性特性问题，开展系统调度决策优化、协同检测调度模型等方面研究，以保证物联网感知层有序、快速、可靠地运行，这是非常紧迫且具有重要意义的探索工作[45]。

3.4.1 调度算法原理及性能分析

传统调度算法有几十种，设计目的及性能也不一样。按算法的设计思想与调度规则，可将算法归纳为：基于轮询、基于优先级、基于 GPS 模型、基于时延、基于服务曲线、分层链路共享、比例区分算法等。现有的调度算法主要有：先到先服务（FCFS）、优先级队列（PQ）、加权循环调度法（WRR）等，下面主要对这三种调度算法进行分析介绍。

3.4.1.1 FCFS 调度

FCFS 调度算法按分组到达时间的先后顺序选择分组进行服务。先到达队列的数据分组优先获得调度服务，后到达的分组等前面的分组被完全调度后才获得调度服务，这种调度算法是最基本和最简单的算法，是目前队列调度中默认的调度算法，也是调度开销最小的调度方法[46]。在这种调度策略下，数据分组进入队列的顺序与离开队列的顺序相同，而且是将所有分组置于同一个队列，按它们到达队列的时间先后顺序进行调度，所以 FCFS 调度只需要 1 个调度队列，队列中的分组按先后顺序被调度，没有任何的优先级差别。FCFS 实质上是一种"去尾"（drop-tail）的算法，不需要丢弃分组的策略，当系统队列满后，新到达队列的分组将被自动丢弃。FCFS 的调度示意如图 3.15 所示。

FCFS 调度的优点有：

（1）队列管理很简单，调度实现容易；

（2）用 FCFS 排队方式，数据分组在接收端不需进行重排列；

（3）调度报文的最大延时由所在队列的最大深度决定，若想获得更小的延时，只要保证较小深度的队列即可。

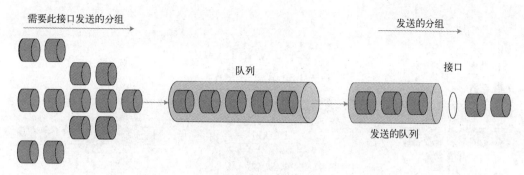

图 3.15　FCFS 调度示意

但是，FCFS 调度算法也有许多不足，主要是以下几方面：

(1)没有优先级这个概念，不能对不同的业务流提供区分服务，不能满足优先级高的业务对服务质量(QoS)的要求，所有的业务都是不加区分地对待，不能实现 QoS 保证；

(2)当发生拥塞时，高优先级报文和低优先级报文同等地被丢弃，所有报文的平均排队延时都会增加，这对实时数据非常不利，时延和时延抖动的增加将会对这些高优先级业务的性能造成严重的影响，缺乏公平性；

(3)FCFS 不能为业务流提供较好的隔离，某个突发业务流或许会占用全部缓存空间，而导致其他业务流被丢弃或者被拒绝服务，因此一些非法用户利用这种缺点来攻击路由调度系统。

3.4.1.2　PQ 调度

PQ 调度是基于优先级的分组调度策略。PQ 调度算法实现比较简单，能为各种不同业务提供有区分的调度服务。PQ 调度策略的基本思想是：为每个队列设置不同的调度优先级，先将到达队列的分组进行分类，然后将不同的业务分配到与其相应的队列，对同一队列的数据分组按先来先服务的策略进行调度，对不同的队列，则按照优先级的高低选择服务队列[47]。PQ 调度过程中，首先对调度优先级最高的队列进行服务，当调度优先级最高的队列的报文完全调度完成，即队列为空时，再选择调度优先级次高的队列进行服务，当优先级次高的队列为空时，再选择优先级更低的队列，依次类推。因为较高调度优先级的队列中的数据分组先得到调度服务，所以调度优先级较高的报文的延时就比较小，其队列的吞吐量也较大。PQ 调度算法的原理如图 3.16 所示。

PQ 调度算法相对于其他一些复杂的算法，其优点是实现比较简单，同时它能为不同优先级业务提供有区分的服务。对于实时性要求较高的业务，如交互音频视频流，对它们设置比较高的优先级来保证其对时延和带宽的要求，而对时延要求不

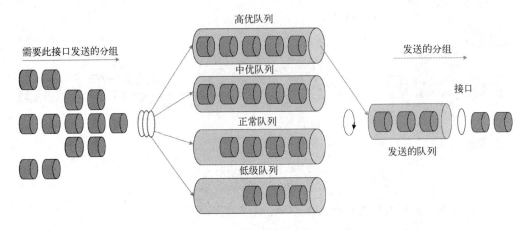

图 3.16   PQ 调度算法原理示意

太高的业务,将其优先级设定较低。

PQ 调度算法的缺点如下。若优先级较高的队列不空,则优先级较低的队列中的数据报文就很难得到服务,这种严格按照优先级来排队策略将会引起一个问题,即如果某段时间内有大量优先级较高的报文到达队列,那么,PQ 调度器资源在这段时间内将被这种业务的报文完全占用,而优先级较低的数据分组将长时间不会被服务,因而将会产生"饥饿"现象。除此之外,低优先级的报文将处于等待被服务状态而一直得不到服务,数据分组会继续到达,等待调度器的过程中,分组不断增加,这将导致这类业务流队列的缓存大量溢出,这些业务的分组大量丢失。因此,PQ 调度算法的公平性较差。此外,PQ 调度算法是静态设定的,不能根据实际环境的改变而动态变化,所以不能满足优先级的参数动态设定的要求。

3.4.1.3   轮询调度

轮询调度类的算法中,WRR 是最值得关注的一种。WRR 机制的主旨是解决 PQ 调度机制中出现的流量"饥饿"现象。它引入了循环调度机制,为所有队列提供了带宽保证。传统的轮询调度策略只是简单地对所有的调度队列进行轮询服务,每调度一次发送一个数据分组,使得不同的队列在一段时间内"平等"地使用网络带宽等资源。但由于报文的长度的不确定性,使得报文较长的队列或许比短报文的队列获得了更多的调度时间,占用了更多的网络资源,短报文的延时不能得到保障,使得算法本来的公平性被严重削弱。为了提高轮询调度策略的性能,出现了 WRR。

WRR 算法给所有的调度队列设置相应的调度权重值,表示完成一次循环调度,并给每一个调度队列设置计数器,初值设置为队列的权重值。轮询过程中,计数器值不是 0 的队列调度 1 个报文,同时对应队列的计数器值减 1。当每个调度队列的计数器值都等于 0 时，把所有计数器值重置为权重值。WRR 比轮询调度算法更准确地掌控不同队列所获得的调度分配，并且不同等级的队列能较公平地获得输出流量。整个算法的流程设计如图 3.17 所示。

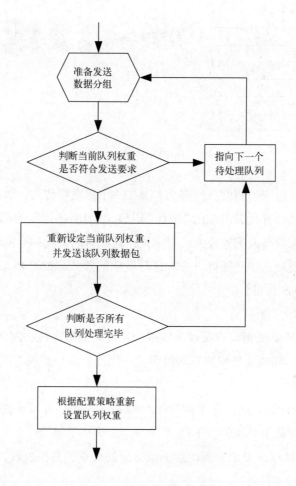

图 3.17　WRR 算法流程

假如现有 4 个队列，权重值分别为 4、3、2、1。根据自己定义的规则对分组进行分类，分别对应放到这 4 个队列中，然后调度程序就会对这 4 个队列进行轮询调度。调度的时间或者调度分组的量与队列的权重值成正比，即调度过程中 4 个队列调度的流速比为 4∶3∶2∶1(前提为报文分组大小一样)，如图 3.18 所示。

WRR 是针对 PQ 和轮询高度算法的不足而提出来的，WRR 能够支持带宽不同的需求，能按用户的需求为不同的调度队列分配不同的带宽。在其算法中，报文首先根据不同的服务类型(如文件传输、交互信息、实时业务等)进行分类，然后将不同类的报文映射到与之相应的调度队列，再对所有的队列进行轮询调度，由此在每

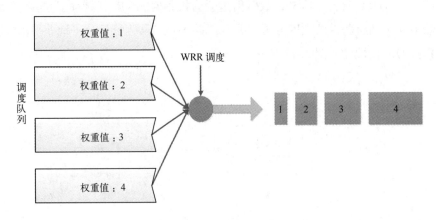

图 3.18　WRR 调度示意

一次轮询过程中，每一个调度队列都会有至少一个报文被传送，因此它避免了在 PQ 中优先级较低的队列有可能出现的"饿死"现象。WRR 还可以为那些对延时和抖动要求比较高的数据业务流配置较大的权重值，这样可以使其拥有的输出带宽比较大，从而提高了服务质量，如此便可以为对延时敏感的业务（如 IP 电话业务、视频电话等）提供很好的 QoS 保证。

WRR 算法的优点有[48]：

（1）由于 WRR 算法可以在硬件上实现，所以它能够在核心网络上使用；

（2）WRR 为不同的业务配置不同的带宽，因此，可以粗略掌控不同等级的业务的流量输出；

（3）在每一个轮询周期内每个队列至少被调度一次，可以从理论上避免"饥饿"现象的出现，也保证了算法的公平性；

（4）WRR 为对 QoS 要求较高的业务流分配的权重值会相应较大，因此，可以减少此类业务的延时和抖动；

（5）当网络有剩余的带宽时，各个业务流可以再行分配剩下的带宽，从而在整体上提高了链路利用率。

3.4.2　调度算法的性能评价

一个有使用价值的实时系统必须具有良好的时间确定性、高的任务吞吐量和好的可靠性。

（1）时间确定性：任务在其截止期到来前获得的运行结果。

（2）任务吞吐率：单位时间内处理任务的个数，通过合理分配，最大限度地利用系统资源，在一定时间内完成尽可能多的实时任务。

(3)任务的接受率：能被算法调度的任务总数/到达系统的总任务数。

(4)资源利用率：指实时任务的最坏执行时间/实时任务活动时间，用于描述任务占用资源的比率。系统中所有任务的资源利用率之和为系统资源利用率。资源利用率越高，单位时间内可调度的任务就越多，系统的吞吐量越大。

(5)可调度性：当调度算法能够保证一组实时任务的所有实例均能满足其时限，则称该任务集可调度。

(6)调度的复杂性：指实时调度的复杂度。

(7)容错性：处理器发生故障后任务恢复运行的能力。

(8)可扩展性：系统规模的增大或负载变化时系统的适应能力。

这些评价标准不能完全兼容，没有任何一个调度算法可以同时在这几个方面均达到最佳性能。对于实时调度算法来说，任务接受率是最重要的性能评价标准。

3.4.3　改进加权循环调度方法

基于能量约束情况下的协同测量技术，为实现实时数据的低延时低功耗传输，设计了一种物联网底层的协同检测调度模型，该模型采用分层协同调度的方法，一是在协同层中的协调器中设置调度器，二是在物联网云平台中设置全局的任务调度器。在灌区无线传感器网络应用中，针对高突发实时任务的协同检测，设计了协同检测调度模型(图 3.19)。

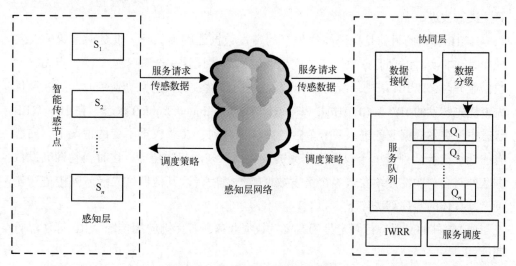

图 3.19　物联网协同检测调度模型

协同检测调度模型分为 2 层，传感感知层和协同层，其中传感感知层的智能传感节点 S_1、S_2……S_n 负责完成协同检测任务，完成服务请求和传感数据采集与发送，这些数据通过感知层网络传送到协同层；协同层接收到数据后，先后对数据进行优先级分类，使其进入各服务队列，然后利用改进的加权循环（IWRR）算法对业务数据进行调度，使得业务数据尤其是实时数据可以得到及时传送。同时系统在初始化或者调度策略改变时，协同层的调度器可以将调度策略（如优先级参数）传送到传感层的智能传感节点。

假设图 3.19 中调度模型的每类数据包的单位时延为 $C_i(i=1, 2, \cdots, n)$，则物联网调度器的总时延为 $C = \sum_{i=1}^{n} C_i N_i$（$N_i$ 为各服务队列的平均数据包数），则 IWRR 优化调度方法的目的是实现实时数据快速传送的同时，使得 C 最小。令第 i 类数据包到达率、服务率、排队等待时间分别为 λ_i、μ_i、W_{qi}，那么有

$$C = \sum_{i=1}^{n} C_i N_i = \sum_{i=1}^{n} C_i \lambda_i W_{qi} + \sum_{i=1}^{n} C_i \rho_i \Rightarrow C - \sum_{i=1}^{n} C_i \rho_i = \sum_{i=1}^{n} C_i \rho_i \mu_i W_{qi}$$

$$(3-13)$$

式中：$\rho_i = \lambda_i/\mu_i$，为第 i 类数据包服务强度。在式（3-13）中，对于一定通信方式，C_i、ρ_i 为常数，因此上式中，要使 C 最小，必须使 μ_i、W_{qi} 尽量小，即使服务时间、排队等待的时间尽量小。

传统的 WRR 方法解决了多优先级业务定长数据组/帧的公平性问题，适用于传感检测数据长度确定的物联网应用环境，但它在解决具有突发特性的高优先级实时数据业务时显得不足，不能保证突发数据能够及时连续地发送，为此应对传统 WRR 算法进行改进。

IWRR 算法的目的是保证高优先级的突发数据能够连续地、低延时地传输，实现实时和非实时混合业务数据流的优化调度，为此设计一个事件触发器，当无突发数据业务时，IWRR 采用传统的 WRR 算法进行调度；有突发数据业务时，进入高优先级优先转发的 HP-WRR（High Priority Weighted Round Robin）状态，在 HP-WRR 状态中，突发数据业务进入一个单独的高优先队列，在总权重不变的情况下，向所有的低优先级队列借 1 个权重值作为突发数据队列的权重值 G，这时当轮询突发数据队列时会一次性连续发送 G 个突发数据帧，然后转入其他低优先级队列中进行轮询，其具体的实现算法如下：

（1）事件触发器进行判定是否有突发数据业务，若无则应用传统 WRR 算法进行调度；

（2）有突发数据业务，从最小权重值开始，使低优先级队列权重值 $W_i = W_i - 1$ 且满足 $W_i \geqslant 1$，同时设置突发数据队列的权重值为 $G = w_s - \sum w_i$，且 $G \leqslant \max\{W_i\}$，进入 HP-WRR 调度；

（3）连续发送 G 个突发数据帧，然后进入其他低优先级队列进行轮询转发；

（4）所有队列轮询转发完后，进入下一个循环周期回到突发数据帧队列，若还有数据帧待发，则进入步骤（3）继续发送；若无待发数据，则撤销突发数据帧队列的权重值，归还给其他队列，恢复它们的权重值，进入步骤（1）继续进行调度。

从算法实现上看，高优先队列的服务率 μ_i、排队时间 W_{qi} 都减少了，所以 IWRR 调度方法可以更快地实现实时数据的发送。IWRR 调度方法可用图 3.20 来表示，图 3.20 中的 E1 代表有突发数据业务事件，E2 代表无突发数据业务。当无突发数据业务时，采用默认的 WRR 调度方法，否则用 HP-WRR 方法调度。

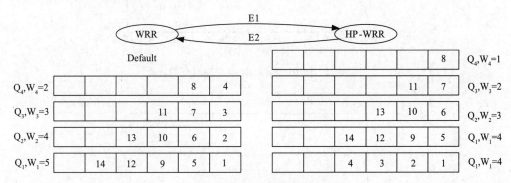

图 3.20　IWRR 调度方法原理示例

基于 OPNET 仿真软件，设置一个 100 m×100 m 的仿真区域，物联网仿真采用星型拓扑结构，网络内含一个协调器用来实现协同层的局部调度，同时感知层包含 30 个无线传感节点。根据 IWRR 调度方法进行数据仿真，设有 4 个数据源队列 Q_1、Q_2、Q_3、Q_4，队列长度 L_{max} 均为 100，队列权重值分别为 5、4、3、2，则可用图 3.20 所示的 IWRR 调度方法进行仿真。

从图 3.20 的调度方法原理分析可以看出，在无突发数据业务时，IWRR 的各队列发送时延和 WRR 是一样的；当有突发数据业务时，IWRR 调度方法进入 HP-WRR 状态，为了对比 IWRR 对突发数据业务调度的有效性，让它与 5 队列具有同样权重值{4、4、3、2、1}的传统 WRR 方法进行对比。在大多数的物联网检测应用场合，突发数据业务量并不大，为此仿真时设置突发数据业务量为正常检测数据量的 10%，可得到在不同总数据负载下 IWRR 和 WRR 调度方法的时延对比图，如图 3.21 所示。

从图 3.21 可以看出，IWRR 整体数据调度的平均时延比 WRR 小，且相差不大，但从图 3.22 所示的 Q_0 队列的平均时延对比图可以看出，高优先级的突发数据业务的平均时延 IWRR 远小于 WRR，同时从图 3.23 所示的 Q_4 队列的平均时延对比图可以看出，这是 IWRR 调度方法通过牺牲低优先级别的时延来实现的。

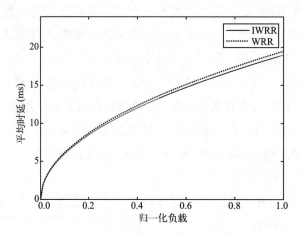

图 3.21　IWRR 和 WRR 的平均时延对比

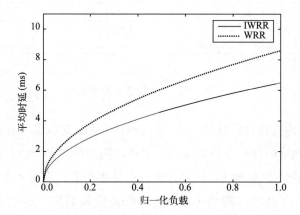

图 3.22　IWRR 和 WRR 高优先级队列 Q_0 的平均时延对比

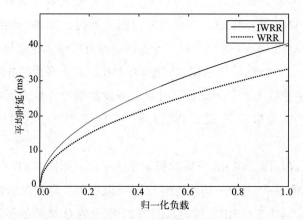

图 3.23　IWRR 和 WRR 低优先级队列 Q_4 平均时延对比

第4章　LEACH 分簇路由算法技术研究

路由协议是无线传感器网络的热门技术，根据应用需求和网络基础结构的不同，传感器网络层的路由协议设计也是多样的。无线传感器网络路由协议的功能是合理分配网络负载的情况下将采集的数据传输给用户。考虑无线传感器网络节点数量较多、能量有限、不易补充，节点只能获取网络局部拓扑结构信息，因此，采用的路由协议要具备在局部网络信息上选择最优路径的功能。一个设计优良的路由协议能够达到减少网络传输时延、减少节点能耗，最终达到延长网络生命周期的目的，显著提高整个网络的性能。

4.1　WSN 路由算法特点

与传统网络路由算法相比，WSN 路由算法具有以下特点[49]。

(1)节点能量有限。传统网络的路由算法通常不需要考虑能耗问题，而 WSN 是在微机电系统(MEMS)技术、数字电路技术的基础上发展起来的，体积很小，能量通常由自身携带的电池供应，且电池能量十分有限，一般很难更换。所以，在设计 WSN 路由算法时，节能是主要考虑的目标之一，要求路由算法既能节约单个节点的能量，又能平衡整个网络的能耗。

(2)基于局部拓扑信息。为了高效利用节点有限的能源，网络的通信模式往往采用多跳，但是节点有限的容量恰好限制了节点存储大量的路由信息和计算复杂的路由。在节点不能获得全局拓扑信息的情况下，怎样实现路由机制的简单高效成为 WSN 路由算法的一个基本问题。

(3)以数据为中心。不同于传统 Ad Hoc 网络以地址为中心进行路由的模式，WSN 是以数据为中心进行消息转发。以数据为中心进行路由是 WSN 路由算法的一个显著特点。在 WSN 中，人们只关心监测区域内某个节点的检测值，而不关心该数据是哪一个节点检测出来的，比如说人们可能希望知道某个监测区域的温度值，而不关心该温度值是由标识为 1 的节点还是由标识为 2 的节点所检测到的。

(4)应用相关。不同的应用场合中，WSN 路由算法的差别可能非常大，无法设计一个通用的路由算法适合于所有应用。这体现了 WSN 路由算法应用相关性的特点，要求设计者根据各种不同应用的具体要求，设计出能够适应特定应用场合的路由算法。

(5)数据融合特性。分布在同一片区域的多个源节点可能获取大量相似的数据，传输过程中数据的冗余大，单个节点直接发送数据到 Sink 节点不适合 WSN。WSN 数据融合是指通过数据融合算法消除相邻节点的冗余数据信息，使之形成新信息后再发送。

4.2 WSN 路由算法分类

根据 WSN 设计目标和应用场合的不同，目前国内外研究人员提出了许多新的路由算法，但是其分类还没有一个统一的标准，存在多种不同的分类。目前已有的分类方式主要有两种：按拓扑结构可分为平面路由算法、分簇路由算法和基于位置的路由算法；按算法的应用特征可分为基于多路径路由、基于可靠路由、基于协商路由、基于查询路由、基于位置路由和基于 QoS 路由算法[50]。下面简单介绍并分析几种典型的路由算法。

4.2.1 平面路由算法

平面路由算法中所有节点都处于平等的地位，所有节点的作用及功能基本相同，节点间通过局部信息生成路由，完成数据的感知和传输任务。典型的平面路由算法有 Flooding、Gossiping、SPIN、DD 和 Rumor 等。

4.2.1.1 Flooding 算法 和 Gossiping 算法

Flooding 算法是一种最简单的 WSN 路由算法，也是一种早期传统的路由技术。如果节点 S 想发送数据包给节点 D，那么节点 S 先将此数据包以广播的方式发送给自己所有的邻居节点，每一个收到 Flooding 数据包的邻居节点又将其广播给除了刚才传送数据给它的节点外的其他邻居节点。如此继续下去，直到数据包传送到目的节点 D 为止。

Flooding 算法的优点是实现简单，适用于健壮性要求高的场合。缺点是信息内爆(implosion)问题和信息重叠(overlap)问题。

信息内爆：节点同时从邻居节点收到多份相同的数据，如图 4.1 所示，当节点 S 广播信息后，邻居节点 B、C 接收到信息后并广播，节点 D 同时是节点 B 和节点 C 的邻居节点，这样节点 D 同时收到两份同样的数据包，造成资源的浪费。在数量庞大的 WSN 网络中，一个节点会收到许多相同的数据，造成信息爆炸，导致节点的能量很快耗尽而失效。

信息重叠：如图 4.2 所示，节点 A 和节点 B 收集到的信息有重叠部分 x，当它们把信息传给节点 C 时，节点 C 会收到信息 x 的两个副本。

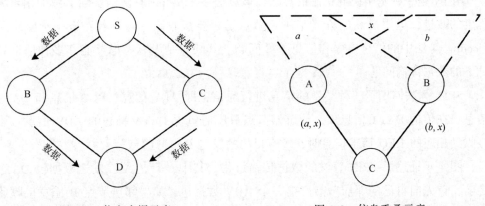

图 4.1　信息内爆示意　　　　　　　　　图 4.2　信息重叠示意

为了克服上述信息内爆和信息重叠问题，赫德特尼米（Hedetnienmi）等人提出了 Gossiping 算法，在 Gossiping 算法中，节点收到数据包后随机选择其中一个邻居节点作为转发对象[51]。如图 4.3 所示，假设节点 C 和节点 D 都是节点 B 的邻居节点。但是节点 D 和节点 C 不是邻居节点，如果节点 C 为节点 B 随机选择下一跳传输的节点，而数据包来源节点如果不把节点 D 作为下一跳传输，节点 D 将不可能再收到此数据包。该算法虽然在很大程度上解决了信息内爆问题，但仍然无法避免信息重叠和资源盲目利用，而且还增加了网络延时。

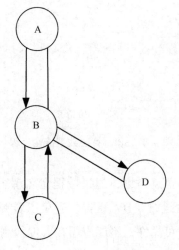

图 4.3　Gossiping 算法数据传输示意

4.2.1.2 SPIN 算法

SPIN 是一种基于协商机制的算法，该算法在 Flooding 算法的基础上做了相当大程度的改进，运用协商的方式来决定节点是否要接收某一数据包，进一步解决了 Flooding 算法中的信息内爆和信息重叠问题。其缺点是没有考虑节能和多种信道条件下的数据传输问题。

SPIN 算法使用了三种类型的信息进行通信，即 ADV 信息、REQ 信息和 DATA 信息。在传送 DATA 信息前，传感器节点只广播包含 DATA 描述的 ADV 信息，当接收到相应的 REQ 请求信息时，才有目的的发送 DATA 信息。

图 4.4 描述了 SPIN 算法的数据传输过程。其中，节点 A 在发送数据包 DATA 之前，首先向自己的邻居节点广播一个 ADV 数据包，如果邻居节点 B 愿意接收此 DATA 数据包，那么，它将向节点 A 发送一个请求数据包 REQ，然后节点 A 才向节点 B 发送 DATA 数据包。如此继续进行下去，直到 DATA 数据包被传送到 Sink 节点。

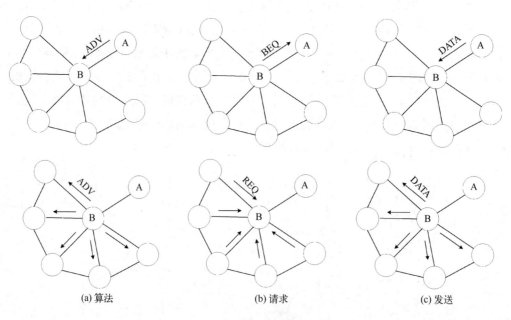

(a) 算法　　　　　　　　(b) 请求　　　　　　　　(c) 发送

图 4.4　SPIN 算法数据传输过程

该算法的优点是减轻了信息内爆，通过数据命名解决了信息重叠问题，节点根据自身资源和应用决定是否进行 ADV 通告，避免了资源的盲目利用。缺点是其广播机制不能保证数据传输的可靠性，不能应用在入侵检测等应用中[52]。

4.2.1.3 DD 算法

DD 算法是一种以数据为中心，基于查询的路由机制，最大特点是引入了网络梯度概念，是与局部算法相结合的 WSN 路由算法。DD 算法以兴趣路由为主，包括兴趣扩散、梯度建立和路径加强三个阶段，图 4.5 给出了 DD 算法工作的几个阶段。兴趣扩散由 Sink 节点发起，Sink 节点以 Flooding 方式广播兴趣数据包，告诉网络中的节点它需要什么信息，如图 4.5(a)所示。当一个兴趣传遍整个网络后，Sink 节点完成从源节点到 Sink 节点的反向梯度场的建立，从而形成多条路径，如图 4.5(b)所示。然后 DD 算法采用路径加强机制形成一条加强路径，当源节点采集到所需要的数据后，将数据沿着这条加强的路径传送，如图 4.5(c)所示。

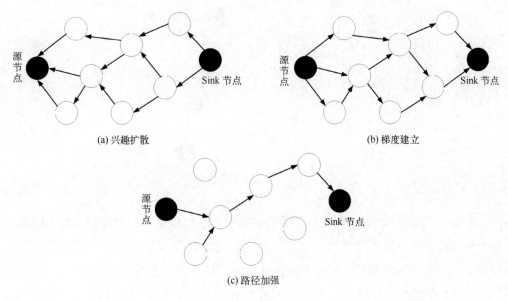

(a) 兴趣扩散　　　　　　　　　　　　　　　(b) 梯度建立

(c) 路径加强

图 4.5　DD 算法工作阶段

DD 算法与 SPIN 算法一样加入了一些简单的数据融合技术，例如，多个相同的兴趣合并为一个兴趣，短时间内收到相同的数据信息将不再重复发送等，起到了一定的提高能效的作用。除此之外，由于 DD 算法是基于兴趣，因此极其适合查询应用，其路径的动态性也能够较大程度地适应 WSN 存在的环境和节点失效等不确定因素。但是，DD 算法在建立时需要一个扩散的 Flooding 传播，能量和时间开销都较大，尤其是当底层 MAC 算法采用休眠机制时，可能造成兴趣建立不一致，而且数据命名只能针对特定的应用预先设定。

4.2.1.4　Rumor 算法

Rumor 算法即谣传算法，它借鉴了欧氏平面上两条曲线交叉概率很大的思想。当一个节点检测到一个事件时，它将该事件加入自身保存的表单中，称为事件表。之后产生一个代理(agent)消息数据包，代理消息沿随机路径向外扩散，同时 Sink

节点发送的查询消息也沿随机路径在网络中传播。当代理消息和查询消息的传播路径交叉在一起时，就会形成一条由 Sink 节点到事件区域的完整路径，如图 4.6 所示。

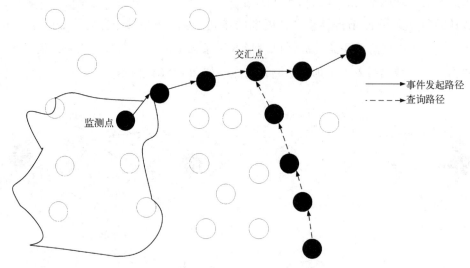

图 4.6　Rumor 算法过程

Rumor 算法与 DD 算法相比可节约更多能量，也可以处理节点故障问题。但是，由于平面路由本身可扩展性差的问题，Rumor 算法只适合规模较小的网络。此外，与 Rumor 算法相关的开销会受到不同参数控制，其最优参数严重依赖拓扑结构，并且可能产生环路路由问题。

4.2.2　分簇路由算法

分簇路由算法也叫分层路由算法[53-54]。这类算法的主要特点是将网络中节点划分为多个簇，每个簇由一个簇头来管理簇中的节点。簇头负责收集簇内节点的数据并进行融合处理，此外，簇头节点还负责本簇与其他簇的通信。典型的分簇路由算法有 LEACH、HEED、TEEN 和 PEGASIS 等。

4.2.2.1　LEACH 算法

LEACH 算法是一种自适应分簇路由算法，在 WSN 路由算法中占重要地位，其他的分簇算法如 TEEN、HEED、PEGASIS 等很多分簇算法都在 LEACH 的基础上发展而来。LEACH 执行过程是周期性的，每轮循环分为簇的形成阶段和簇的稳定传输阶段。为了降低形成簇所消耗的能量，簇稳定阶段保持的时间较簇形成阶段要长。

在簇的形成阶段，首先在整个网络中随机选举簇头，当某一节点被选为簇头后，向外发布成为簇头这一消息，其他节点接收到广播消息后，选取信号最强的簇头作为自己应当加入的簇，此过程完成后簇的形成阶段完成。进入簇稳定阶段后，簇内非簇头节点将采集到的数据发送给簇头，簇头收到后融合处理这些数据，采取单跳直接向 Sink 节点（基站）进行数据的传送。在稳定阶段保持一段时间后，整个网络又进行新一轮的簇头选举。其结构如图 4.7 所示。

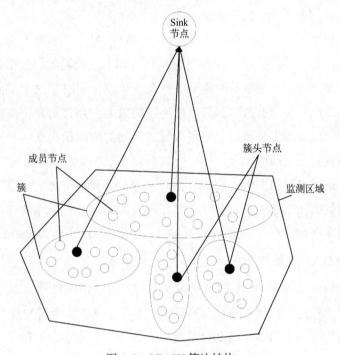

图 4.7　LEACH 算法结构

4.2.2.2　HEED 算法

HEED 算法是针对 LEACH 算法中簇头分布不均匀这一问题进行的改进。在 HEED 算法中，簇头的选举主要根据主、次两个参数[55]。主参数依赖于节点的剩余能量，用于选取初始的簇头集合，剩余能量较大的节点当选为暂时簇头的概率较大，若该节点的剩余能量比周围节点多很多，则该节点成为正式簇头；次参数依赖于非簇头节点的通信代价，用于确定非簇头节点最终属于哪个簇，以及簇头之间负载均衡的控制。HEED 算法较 LEACH 算法主要的改进是在簇头的选举上考虑了节点剩余能量，并将簇头的选举引入多个主次关系的约束条件。实验表明，HEED 分簇更加迅速，簇头的分布更加均匀，网络拓扑更加合理。但是，HEED 后续路由发现及数据传输和 LEACH 类似，仍然没有改变远距离通信导致能耗过大的弊端。

4.2.2.3 TEEN算法

WSN根据传输模式的不同，通常可以分为主动型（proactive）和响应型（reactive）。主动型WSN能够持续监测周围环境，并恒速发送监测数据，而响应型WSN只在被监测对象发生突变时才传送监测数据。相比之下，响应型更适于突发事件的应用，比如入侵警报、爆炸预警等。阈值敏感的高效传感器网络TEEN算法是为了满足时间紧迫性任务的应用而提出的，是一种响应性的路由算法，其基本思想是通过过滤的方式来减少数据传输量。

TEEN算法中设置了硬阈值和软阈值两个参数，在每次簇重组的时候，簇头除了广播数据属性外，还广播硬、软两个阈值[56]。当节点监测到的数据首次大于设定的硬阈值时，节点就打开发射机向簇头节点发送信息，同时把这次监测到的数据设为新的硬阈值。此后，只有监测到的数据比硬阈值大，并且其变化幅度不小于软阈值时，节点才会向簇头发送数据，并将当前监测到的数据设为新的硬阈值。该算法适用于对实时性要求较高的场合，用户可以及时获取想要的信息。此方案也有两个不足之处：一是如果阈值不能达到，节点就永远不会和簇头通信，用户也就得不到网络中的任何数据；二是如果一个节点没有数据发送，属于它的TDMA时隙就浪费掉了，而其他节点却还在等待属于自己的时隙，这样系统会引入过多的延时。

4.2.2.4 PEGASIS算法

PEGASIS算法是由LEACH算法发展起来的，PEGASIS的簇是基于地理位置信息的，其主要思想是假设所有的节点都静止，用贪婪算法从距离Sink节点最远的节点开始，依次构成一个相邻节点之间距离最短的链，具体实现如图4.8所示。节点C0被选为簇头节点，并向周围节点广播成为簇头的消息。C3向C1传输信息，C1与自己的数据融合后发送给C0，在C2将token传给C4后，C4向C2传输信息，与自己的数据融合后发送给C0，C0将自己数据和来自两个节点数据融合后发送给Sink节点。自此PEGASIS建立链完成。

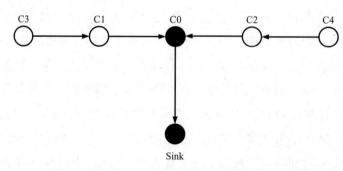

图4.8 PEGASIS数据传输路径

PEGASIS 算法对拓扑的动态变化适应性强，避免了 LEACH 算法中簇重构的开销，从而延长了网络生存周期。其不足之处在于要求每个节点都知道网络中其他节点的位置，开销很大；网络规模较大时，簇头容易因负担过重而失效，导致整个网络路由瘫痪。

4.2.3　地理位置路由算法

基于地理位置的路由算法是节点都知道自己及目的节点的位置信息，利用这些位置信息作为路由选择的依据，节点按照一定的算法转发数据包到目的节点[56]。此类算法避免了信息在整个网络中泛洪，减少路由算法的控制开销。典型基于位置信息的路由算法有 GAF、GEAR 和 GPSR 等。

4.2.3.1　GAF 算法

GAF 算法是根据节点的位置信息来分簇的路由算法，该算法是首先把监测区域划分为若干固定的区域，形成一个虚拟网络。然后节点通过定位系统获取自己属于哪个网格，如果两个节点在同一网格中，则认为它们路由的时候是等价的。等价节点中只需有一个处于工作状态，其他节点可以进入睡眠，GAF 算法通过这种睡眠机制来节省能量，如图 4.9 所示，因此 GAF 算法能有效地延长网络生存周期。但是，GAF 算法是基于平面模型，并没有考虑实际网络中节点间距离的邻近并不能代表节点之间可以直接通信的问题；此外，GAF 算法中的簇头承担更多的数据处理及通信任务，消耗的能量相对较大，因此，簇头应该选择剩余能量较多的节点。

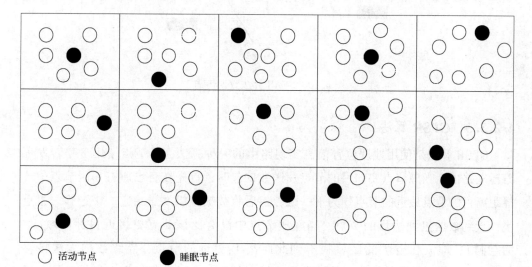

图 4.9　GAF 算法

4.2.3.2 GEAR 算法

GEAR 算法是充分考虑到能量有效性基于地理位置的路由算法。它采用查询驱动的方式传送数据，根据事件区域的地理信息建立 Sink 节点到事件区域的优化路径，避免 Flooding 传播，减少了路由开销。GEAR 路由方式包括两个阶段：①Sink 节点发出查询命令，并根据时间区域的地理信息将查询消息传到距 Sink 节点最近的节点；②从该节点将查询信息插播到区域内其他节点。查询消息到达事件区域后，事件区域节点沿查询路径的反方向传送监测数据包，消息中捎带节点到时间区域的实际能耗。该算法采用贪婪算法建立路径，选择消耗最小的节点作为下一跳，如图 4.10 所示。该算法的不足之处在于，由于缺乏足够的拓扑信息，路由过程中可能遇到路由空洞，降低了效率。该算法只适用于节点移动性不强的应用环境。

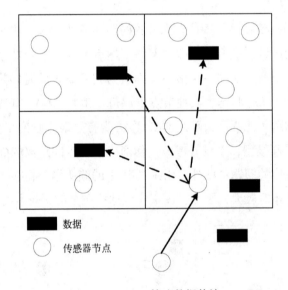

图 4.10　GEAR 算法数据传输

4.2.3.3 GPSR 算法

GPSR 算法是使用地理位置信息实现路由的一种算法，各节点使用贪婪转发策略建立路由。当源节点要向目的节点发送数据包时，首先在自己所有邻居节点中选择距离目的节点最近的节点作为下一跳，然后将数据分组发送给它，该过程一直重复，直到数据包到达目的节点。当邻居节点中没有比该节点更接近目标区域(称为空洞)，即 r 在空旷的区域找不到此距离 L 更近的节点，导致数据无法传输(图 4.11a)时，单纯的依据贪婪转发策略转发数据包会导致数据无法继续传输，通常采用右手规则确定转发路径。如图 4.11b 所示，当 r 收到 s 传送来的数据后，r 遵

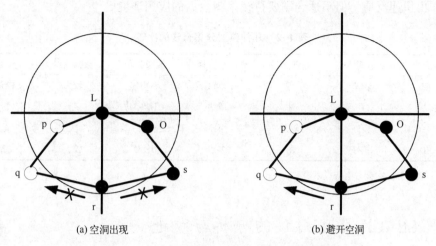

(a) 空洞出现　　　　　　　　　　　　　　(b) 避开空洞

图 4.11　GPSR 算法中空洞的出现和避开空洞

循右手规则，将数据信息传送给 q，后续各边同样依照此法则。

GPSR 算法可避免在节点中维护路由表的工作，仅使用直接毗邻的节点作为下一跳路由；另外，路由选择中使用接近最短欧氏距离的路由，传输时延小，实时性增强。但其不足之处在于，Sink 节点和源节点都集中在网络中两个区域时，会导致网络通信不平衡，从而使部分节点较快死亡，破坏网络的连通性。

4.3　各种路由算法性能的比较

综上可知，各种算法之间是互相联系的，每种算法在一些方面满足了 WSN 路由算法的某些要求，因此，不存在某种绝对最优的算法。表 4-1 简单总结了平面路由、分簇路由和位置路由的特点。

表 4-1　三类路由算法特点比较

算法类型	路由策略	控制中心	负载均衡	扩展性	网络生存周期
平面路由	按需	没有	不好	不好	不好
分簇路由	主动	有	好	好	好
位置路由	基于位置转发	不一定	可能	不一定	较好

几种典型的分簇算法的综合比较如表 4-2 所示。由表可知，现有典型的分簇算法中各个方面性能表现均良好的算法不多，多数算法都是在某一方面性能好，整体综合性能算不上良好，然而判断一个算法的好坏必须考虑特定的应用场合，所以很难说哪一个算法最好。LEACH 算法适合大规模部署的网络，TEEN 算法可以对突发

事件作出快速反应，但不适合需要持续采集数据的应用环境。

表 4-2　几种典型分簇算法的比较

算法	节能性	可扩展性	路径选择	簇头分布	数据延迟	移动性
LEACH	较差	差	单跳	不均匀	较大	较差
TEEN	好	中	单跳	不均匀	小	较差
PEGASIS	较好	较差	多跳	—	大	差
HEED	较好	好	多跳	均匀	较大	差

注："—"表示算法在该方面特点不明显。

4.4　LEACH 路由协议的分析与改进

4.4.1　LEACH 协议模型

LEACH 是麻省理工学院的昌德拉卡桑（Chandrakasan）等人为无线传感器网络设计的低功耗自适应聚类路由算法。与一般的平面多跳路由协议和静态聚类算法相比，LEACH 可以将网络生命周期延长 15%，主要通过随机选择聚类首领，平均分担中继通信业务来实现[57]。LEACH 定义了"轮"（round）的概念，一轮由初始化和稳定工作两个阶段组成。为了避免额外的处理开销，稳定态一般持续相对较长的时间，如图 4.12 所示。

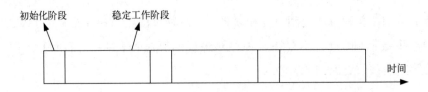

图 4.12　LEACH 协议的时序示意

在初始化阶段，聚类首领通过下面的机制产生。传感器节点生成 0、1 之间的随机数，如果大于阈值 T，则选该节点为聚类首领。T 的计算方法如下：

$$T = \frac{p}{1 - p\left[r \bmod \left(\dfrac{1}{p}\right)\right]} \tag{4-1}$$

式中：p 是节点中成为聚类首领的百分数；r 是当前的轮数。

当簇头选定之后，簇头节点主动向网络中节点广播自己成为簇头的消息（ADV_CH）。接收到此消息的节点依据接收信号的强度，选择它所要加入的簇，并发消息通知相应的簇头(JOIN_REQ)。基于 TDMA 的方式，簇头节点为其中的每个成员分配通信时隙，并以广播的形式通知所有的簇内节点(ADV)。这样便保证了簇内每个节点在指定的传输时隙进行数据传输，而在其他时间进入休眠状态，减少了能量消耗。在稳定工作阶段，节点持续采集监测数据，在自身传输时隙到来时把监测数据传给簇头节点(DATA)，如图 4.13 所示。簇头节点对接收到的数据进行融合处理之后，发送到 Sink 节点，这是一种减小通信业务量的合理工作模式。持续一段时间后，整个网络进入下一轮工作周期，重新选择簇头节点[58]。

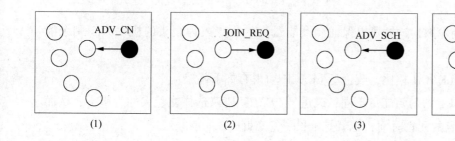

(1)　　　　　(2)　　　　　(3)　　　　　(4)

图 4.13　LEACH 协议

　　LEACH 协议中，假设所有的传感器节点都可以与簇头节点及 Sink 节点进行通信，也就是节点平等，这就限制了 LEACH 协议的应用范围，使其只能在较小范围内使用，不适合大规模网络的应用，而且，在较小规模的网络中，由于采用随机产生簇头的方式，有些簇头离 Sink 节点距离较大，也会导致能量消耗过快，从而制约网络寿命。另外，每轮重新分簇造成的拓扑结构变化也是很大的能量消耗，同样影响了整个网络的生存时间[59]。

4.4.2　LEACH 的改进型协议

　　在考虑节点剩余能量和成为簇头容易程度之间的关系以及簇头间相对距离的基础上，对 LEACH 算法进行了改进，改进路由算法根据加权概率来决定节点是否为簇头。开始时先给每个节点分配一个权重对应于最优概率P_{opt}，权重必须等于每个节点的初始能量除以普通节点的初始能量。设定高级节点的簇头选举概率因子为P_{adv}，普通节点的簇头选举概率因子为P_{nrm}，其表达式为

$$P_{nrm} = \frac{P_{opt}}{1 + am} \qquad\qquad (4-2)$$

$$P_{adv} = \frac{P_{opt}}{1 - am}(1 + a) \qquad\qquad (4-3)$$

式中：a 是高级节点的初始能量与普通节点初始能量的倍数；m 是高级节点在总节点数中所占比例。

普通节点与高级节点成为簇头的阈值分别为 $T(S_{nrm})$ 和 $T(S_{adv})$，计算公式如下：

$$T(S_{nrm}) = \frac{P_{nrm}}{1 - P_{nrm}\left[r \bmod \left(\dfrac{1}{P_{nrm}}\right)\right]} \qquad (4-4)$$

$$T(S_{adv}) = \frac{P_{adv}}{1 - P_{adv}\left[r \bmod \left(\dfrac{1}{P_{adv}}\right)\right]} \qquad (4-5)$$

式中：r 是当前轮数，这样可以保证剩余能量高的节点成为簇头的概率大于剩余能量低的节点。

与传统的 LEACH 相比，改进型 LEACH 协议有如下优势：

(1)不同节点的初始能量不同，改进型 LEACH 协议选择能量大的为簇头，从而延长了第一节点的死亡时间，也就是延长了稳定期。

(2)由于稳定期的延长，改进型 LEACH 协议的吞吐量也高于其他聚类协议。

(3)在一个理想的阶段，改进型 LEACH 协议的能量均匀地分布在传感器网络中的所有节点上。

为了评价改进后路由算法的性能，用仿真平台 Matlab 进行仿真比较。部署一个具有 $N=100$ 个节点的网络，节点随机分布在 100 m×100 m 的区域内，假定 Sink 节点位于传感区域内，实验中不考虑无线传输过程中的干扰和信号冲突的影响。仿真实验参数设定如表 4-3 所示。

表 4-3　仿真实验参数设定

参数	区域大小	节点初始能量 E_0	能量比例系数 a	初始选举概率 P_{opt}	网络节点数 N	高级节点比例	节点数据处理能耗 E_{DA}
值	100 m×100 m	0.04 J	1	0.1	100	0.1	5 nJ/(bit·singal)

经过 100 轮运算仿真后，Matlab 中的实验结果如图 4.14 和图 4.15 所示。

对比图 4.14 和图 4.15 可以看出，在 100 轮后，改进型 LEACH 协议剩余的普通节点比 LEACH 协议剩余的普通节点要多。这是由于在 LEACH 协议中，每个节点成为簇头的概率是完全一样的，而普通节点初始能量较少，所以死亡可能也更快些；而改进型 LEACH 协议中能量高的节点有更大的概率被选为簇头，第一轮时所有高级节点比普通节点有 a 倍的概率成为簇头，这样运行到最后所剩节点的剩余能量都会差不多，普通节点存活时间延长。经过 100 轮运算后，LEACH 协议与改进型 LEACH 协议节点存活数量如图 4.16 所示。

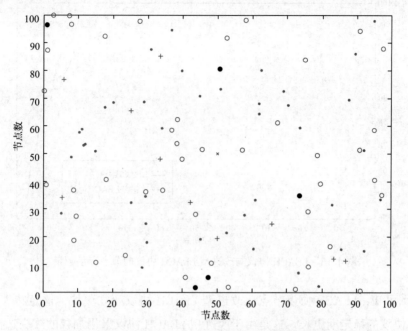

图 4.14　LEACH 协议运行 100 轮后的结果

"+"代表高级节点，"○"代表普通节点，"·"代表节点已经死亡，"●"代表节点为簇头。下同

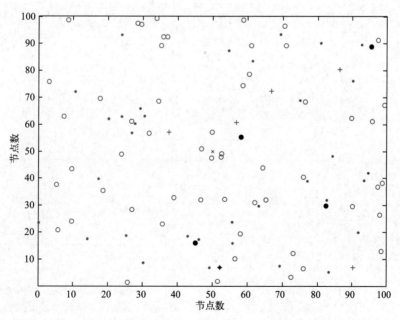

图 4.15　改进型 LEACH 协议运行 100 轮后的结果

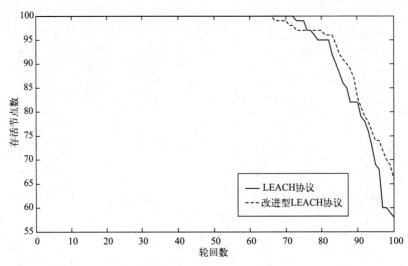

图 4.16 LEACH 协议与改进型 LEACH 协议的节点存活数量

由图可知，LEACH 协议节点比改进型 LEACH 协议死亡更快，这意味着改进型 LEACH 协议的稳定期更长。这是由于改进型 LEACH 协议采用加权的簇头选择方法，根据节点的初始能量为每个节点配置一个选举概率因子，初始能量高的高级节点成为簇头的概率更高，从而均衡了网络中节点的能耗、降低了系统整体能耗、延长了网络时效、提高了网络生命周期。

第5章 灌溉管网系统优化设计研究

灌溉管网优化研究包括很多方面，如管径、管网布置和调度等的优化。目前，大多数研究都集中在管径优化方面，这是因为管径占工程投资的比重较大。近年来，管网布置的优化也受到重视，这是因为管网布置是设计的前提，布置的优良直接关系到管道长度、施工等各方面，也会影响管网的水力性能，但是管网布置受地形、作物等各方面因素影响，使得布置的优化较管径优化更为复杂。

5.1 灌溉管网系统构成、类别及特点

5.1.1 灌溉管网系统构成

灌溉管网系统是从水源取水经处理后，用有压或无压管道网输送到田间进行灌溉的全套工程，一般由首部枢纽、输配水管网、灌水器等部分组成，灌溉管网系统组成如图5.1所示。水源位置以取水方便为原则，可以是邻近的井水及水库等，由于管道灌溉对水质要求高，所以经过滤处理以后的农田用水应满足相关的规范。管网首部枢纽一般是加压的水泵、净化水质的过滤器以及流量调节器等，主要目的是满足作物灌溉需水的各项要求。对于地形平坦面积较大的灌区，管网系统由干管、支管、斗管相互垂直组成，形状规则。对于山丘区，地形起伏大，管网布置不规则，不同布置形式，造价相差较大，因此不规则管网的优化布置意义更大。田间管网一般由支管和毛管组成，且支管、毛管的允许水头之差需要进行合理分配，以保证作物灌水均匀度。

5.1.1.1 首部枢纽

首部枢纽的作用是从水源取水并进行处理，以符合管道系统与灌溉的要求，要求包括水量、水压、水质三个方面。为使灌溉水具有一定的压力，一般是用水泵机组(包括水泵和动力机)来加压。为使水质能达到要求，常用过滤或沉淀设备除去水中的固体杂质，用添加某些化学药剂的办法杀死微生物和藻类或改变水溶液的化学组成。不同的灌水方法对水质与水压要求不同，首部枢纽所包括的设备也不同。

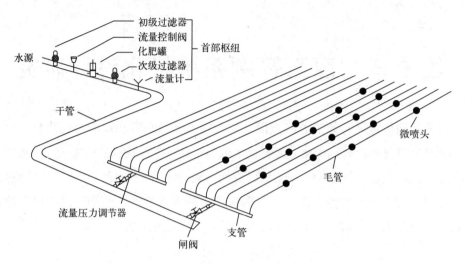

图 5.1 灌溉管网系统组成示意

5.1.1.2 输配水管网

根据田块的大小及地形条件，管网一般分为干管、支管、毛管等几级。滴灌和微喷灌系统的末级管道一般为毛管，而喷灌系统的末级灌溉为支管。管网由支管、管件和控制部件组成。管网的基本形状有树状和环状两种，有时还采用两者结合的混合形式。

5.1.1.3 灌水器

灌水器是直接向作物施水的设备，其作用是把末级管道即毛管中的压力水流均匀而又稳定地分配到田间。灌水器质量的好坏直接影响到灌水质量的好坏。对灌水器的要求是：出流量小、出水均匀、抗堵塞性能好、制造精度高、便于安装、坚固耐用、价格低廉等。滴头是将压力水流变成滴状或细流状的灌水器；滴灌管（带）是具有出水孔的管道（带），能折叠者为带，其余为管。滴灌管（带）在农田滴灌中广泛应用。

5.1.2 灌溉管网系统类别

灌溉管网系统按其水流受力来源、管网布置形式、管道结构形式、输水压力的大小可按如下分类[60]。

（1）按水流受力来源可分为水泵输水管道系统和自压输水管道系统。水泵输水指水流运动的外力是水泵加压，一般有两种方式：①加压后的水直接送入管道系统进入田间灌溉；②加压后的水送入某一高程的蓄水池，由蓄水池经输水管道向田间供水。自压输水水流运动的外力是自身重力，一般利用地势高低形成一定水头。

(2)按管网布置形式可分为树状管网(图 5.2a)和环状管网(图 5.2b)。树状管网只有分流而无汇流,向某一节点供水的管线只有一条,一旦某处发生故障,就不能正常供水。这种管网的管道总长一般较短,环状管网是由一个或一个以上的基环所组成的图形,向节点供水的管线有若干条,具体水流方向由相关控制阀门的开关视情况决定,因此供水可靠性高,但在大多数情况下会增加管道的总长度而增加投资。目前,树状管网被较多地应用在灌溉管网中,环状管网只在个别试点地区有所应用。

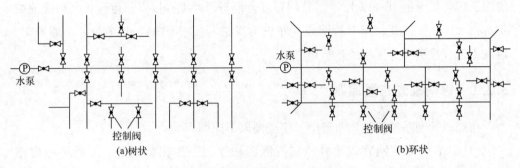

图 5.2　管网的形状分类示意

(3)按管道结构形式可分为开敞式、封闭式和半封闭式系统。开敞式系统就是在管道内部有调压井或分水井,并与大气相通,其上的调节阀可以用来调节流量和压力。当管道进水多于灌溉用水量时,多余水从调压井或分水井上设置的溢流口、排水管中排出。封闭式输水系统是指在输水管道中不出现自由表现,水流在全封闭的管道中从上游管道流向下游管道末端。半封闭式输水系统根据管道具体情况,在合适位置设自由表面。

(4)按输水压力大小可分为低压和非低压输水系统。低压管道系统的工作压力小于等于 0.2 MPa,对管材的承压要求较低,我国大部分平原井灌区采用这种输水灌溉形式。管道压力大于 0.2 MPa 的输水系统称为非低压输水系统,水压越大,对管材和相应附件的承压能力要求就越高,所以对于非低压管道,一般采用钢管、混凝土管或塑料管等强度大的管材。一般在地形高差较大或输水量较大的灌区使用。

5.1.3　灌溉管网系统特点

管道输水是发展节水农业的重要途径之一,与渠道相比,具有如下特点[61]:

(1)管道输水在运输途中可大大减少灌溉水的渗漏和蒸发,提高输水效率;

(2)大部分灌溉管道都埋设在地下,以管道代替渠道,能够减少输水占地,提高土地利用率;

(3)对地形要求不高,可过路、过沟、过桥,也可逆坡灌溉;

（4）管道输水速度快，效益高，能够缩短灌水周期；

（5）自动化程度较高，节省劳力，维护费用低，管理运行方便。

5.2　灌溉管网规划布置

管网规划与布置是灌溉管网系统规划中的关键部分，一般管网工程投资占灌溉管网系统总投资的70%以上[62]。管网布置合理与否对工程投资、运行状况和管理维护有很大影响。因此，应对管网规划布置方案进行反复比较，最终确定合理方案，以减小工程投资并保证系统运行可靠。

5.2.1　管网规划布置原则

在灌溉管网系统的规划布置中，应遵循以下原则[63]。

（1）井灌区的管网宜以单井控制灌溉面积作为一个完整系统。渠灌区应根据作物布局、地形条件、地块形状等分布布置，尽量将压力接近的地块划分在同一分区。

（2）规划时首先确定给水栓的位置。给水栓的位置应当考虑灌水均匀性。若不采用连接软管灌溉，向一侧灌溉时，给水栓纵向间距可在40~50 m之间；横向间距一般按80~100 m布置。在山丘区梯田中，应考虑在每个台地中设置给水栓以便于灌溉管理。

（3）在已确定给水栓位置的前提下，力求管道顺直、水头损失小、总长度最短、造价小且运行管理方便。管线尽量平顺，减少起伏和折点。

（4）最末一级固定管道的走向应与作物种植方向一致，移动软管或田间垄沟应垂直于作物种植行。在山丘区，应尽量使干管平行于等高线、支管垂直于等高线布置。各级管道尽可能采用双向供水。

（5）充分利用已有的水利工程，如穿路倒虹吸和涵管等，避免干扰输油、输气管道及电信线路。充分考虑管路中量水、控制和保护等装置的适宜位置，尽量利用地形落差实施重力输水。

（6）输、配水管网的进口压力、设计流量和设计压力应根据灌溉管道系统所需要的设计流量和大多数配水管道进口所需要的设计压力决定。如果局部地区供水不足，提高全系统的工作压力又不经济时，应采取增压措施。若部分地区供水压力过高，则应结合地形条件和供水压力要求，设置压力分区，采取减压措施或采用不同等级的管材和不同压力要求的灌水方法，布置成不同的灌溉系统。在进行各级管道的水力计算时，应检验各级管道产生水锤的可能性以及水锤压力的大小，以便采取水锤保护措施。

(7)应尽可能发挥输、配水管网综合利用的功能,把农田灌溉与农村供水以及水产、环境美化相结合,使输、配水管网的效益达到最高。

根据灌溉管网规划布置原则,可以按以下步骤进行管网规划布置:

(1)根据地形条件分析确定管网类型;

(2)确定给水栓的适宜位置;

(3)按管道总长度最短原则,确定管网中各级管道的走向与长度;

(4)在纵断面图上标注各级管道桩号、高程、给水装置、保护设施、连接管件及附属建筑物的位置;

(5)对各级管道、管件、给水装置等列表分类统计。

5.2.2　管网典型布置方式

灌区内管网的典型布置方式有"圭"字形、"π"形、"一"字形、"L"形、"T"形、"H"形等,典型布置方式可依据地块的相对位置、出水量、控制面积、地块长宽比来选择合理的方案[64-66]。规模较小的灌溉管网一般采用图 5.3 至图 5.7 管网布置方式,对于以地表水为水源的规模较大的灌溉管网,一般采用图 5.8 和图 5.9 的管网布置方式。

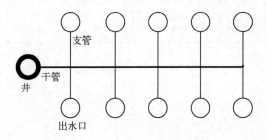

图 5.3　"圭"字形管网布置

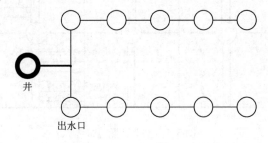

图 5.4　"π"形管网布置

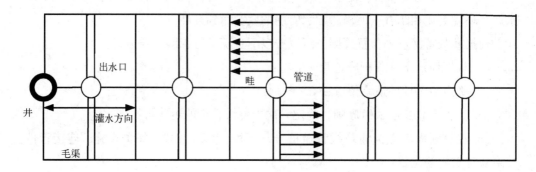

图 5.5 "一"字形管网布置

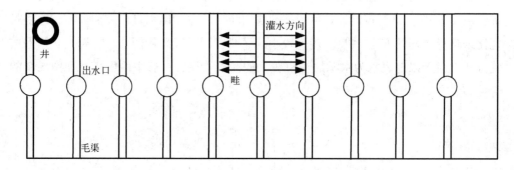

图 5.6 "L"形管网布置

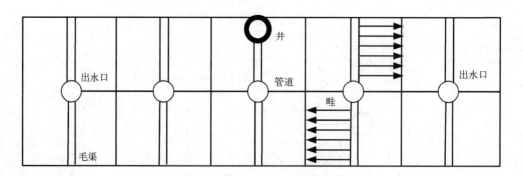

图 5.7 "T"形管网布置

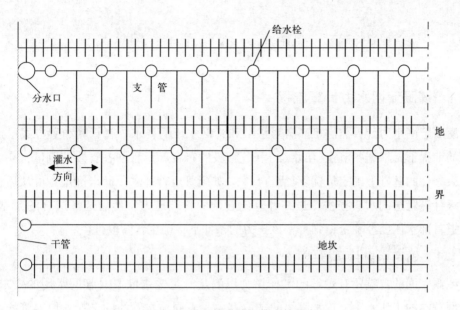

图 5.8　梯田管道输水灌溉管网布置

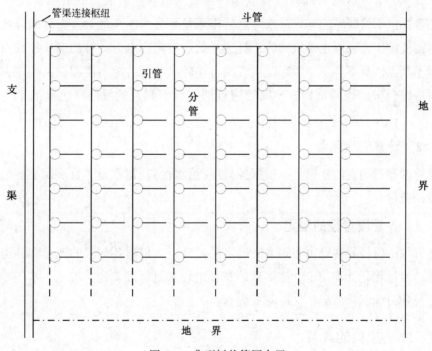

图 5.9　典型树状管网布置

5.3 灌溉管网水力计算

5.3.1 灌溉管网水力计算流程

灌溉管网水力计算需满足灌溉对水量和管网水压的要求，在管网布置方案已经确定的前提下，根据各节点(给水栓)和各管段的布置确定管网各管段的流量，在满足约束条件的基础上确定最优管径组合[67]。如果管道首部水压尚未确定，可从后往前逐级计算管道的水头损失，最终计算出管网的首端压力，然后选择适合的泵型。若管道首部水压已经确定，则可在该压力的条件下，确定各管段管径。

5.3.1.1 确定水力计算管线

灌溉管网的首端要有足够的工作压力以满足管道输水灌溉对管网水压的要求，而管网首端的工作水头与输水管线的选取有关，不同输水管线的选择，使得管线的长度及水力特征不同，由此计算得到的管网首端压力也不同。为了使各节点能够满足供水要求，管网的水力计算管线应选择使管网首端压力最大的供水管线[68]。因此，在选择供水管线时，如果最末一点所需流量和自由水头最大，则管网首端向该点输水需要的压力一般也是最大的，将这样的点确定为水力计算的设计控制点，也称为最不利点。最不利点一般在距离管网首端较远处，且地面高程较高的地方，在选择时应综合考虑这两个因素。取管网首部到最不利点的线路作为管网水力计算管线。

5.3.1.2 计算管段流量

在管网布置确定的基础上，根据各节点(给水栓)所需水量，自下而上逐级计算各管段的流量。

5.3.1.3 各管段管径的确定

各管段的管径要在管道布置方案确定的基础上，根据各管段的流量和管道的允许流速，经过优化计算确定，使得到的管径组合满足标准管径、流速、水压等约束条件，且使目标函数值最小，以降低成本。

5.3.2 水头损失的计算

灌溉系统管道内水流形态大多是光滑紊流和粗糙紊流，沿程水头损失的计算采用《农田低压管道输水灌溉工程技术规范》(GB 20203—2017)中规定使用的勃拉休斯公式，

$$h_f = f \frac{LQ^m}{D^n} L \qquad\qquad (5-1)$$

式中：h_f 是沿程水头损失（m）；f 是与沿程阻力有关的系数，又称为摩阻系数；Q 是管道流量（m³/h）；L 是管道长度（m）；D 是管道内径（mm）；m、n 分别是流量指数和管径指数。

灌溉管道系统常用的几种管材的参数见表 5-1。

表 5-1　几种常用管材参数值

管材类型	摩阻系数 f	流量指数 m	管径指数 n
硬塑料管	0.948×10^5	1.77	4.77
石棉水泥管	1.455×10^5	1.85	4.89
混凝土管	1.516×10^6	2.00	5.33
钢管、铸铁管	6.250×10^5	1.90	5.10

注：地埋薄壁塑料管的 f 值是表内塑料管 f 值的 1.05 倍。

管道的局部水头损失一般用与边界改变有关的系数和发生局部水头损失以后的流速水头相乘来计算[69]。管道总的局部水头损失等于各局部水头损失相加，即

$$h_j = \sum \vartheta \frac{V^2}{2g} \qquad\qquad (5-2)$$

式中：h_j 是管道总的局部水头损失（m）；ϑ 是局部水头损失系数，不同管件的局部水头损失系数不同；V 是水流断面平均流速（m/s）；g 是重力加速度（m/s²）。

在工程设计中，为简化计算，通常将局部水头损失按沿程水头损失的 10%~15% 近似计算。因此，把勃拉休斯公式乘以一个 1.1~1.15 的系数即可计算总水头损失，公式如下：

$$h_w = a \times f \frac{Q^m}{D^n} \qquad\qquad (5-3)$$

式中：h_w 是管道系统总水头损失（m）；a 是考虑局部水头损失以后的放大系数，一般取 1.1；其余符号意义同前。

5.4　管网优化设计数学模型

目前，灌溉管网优化设计模型大致可分为数学规划模型和非数学规划模型两大类，其中应用最广泛的是基于数学规划技术的优化模型，如线性规划模型、非线性规划模型、动态规划模型和整数规划模型等[70]。非数学规划模型大多数是基于工程经验和观察所得的经验性方法，或者是用于特定网络结构的启发式方法。在实际应用

中，由于优化设计的目标、所要考虑的约束条件、管网结构类型、系统规模大小等因素的不同，构造出了许多不同的优化模型，各种优化模型的实用性也有很大差异。

5.4.1 线性规划模型

数学模型中，一组决策变量$(x_1, x_2, \cdots, x_n)$即代表待优化问题的一个解集，根据决策变量与待优化问题之间的函数关系建立目标函数，在求解目标函数时，问题的解又受到一定约束条件的限制。线性规划模型是在线性约束条件下求解线性目标函数的最大值或最小值，其标准形式为 $\max(\min)\sum c_j x_j$。

约束条件：

$$\sum_{j=1}^{n} a_{ij} x_j \geq (\text{或} =, \leq) b_i \quad (i = 1, 2, \cdots, m) \tag{5-4}$$
$$x_j \geq 0 \quad (j = 1, 2, \cdots, n)$$

式中：$x_1, x_2, \cdots, x_n$是决策变量，是线性规划模型的解；$c_1, c_2, \cdots, c_n$是常数系数；$a_{ij}(i=1, \cdots, m; j=1, \cdots, n)$是约束系数；$b_j(i=1, \cdots, m)$是右端常数项。

对于重力式树状管网，利用地形的落差来提供工作压力，其线性规划两种模型以具有标准管径的管段长度X_{ij}为决策变量，以管网投资最小为目标函数。可以建立如下的线性规划优化设计模型：

$$\min Z = \sum_{i=1}^{N} \sum_{j=1}^{M} C_{ij} X_{ij} \tag{5-5}$$

管长约束：

$$\sum_{j=1}^{M} X_{ij} = L_i \quad (i = 1, 2, 3, \cdots, K) \tag{5-6}$$

工作压力约束：

$$E_0 - \sum_{i=1}^{M(t)} \sum_{j=1}^{M} \alpha f \frac{Q_{ij}^m}{D_{ij}^n} X_{ij} - E_k - H_{k\min} \geq 0 \tag{5-7}$$

式中：Z是管网总投资额(元)；N是树状管网的管段数量；M是标准管径数；C_{ij}是管道造价(元/m)；L_i是第i条管段的总长度(m)；E_0是自压水面高程(m)；$M(t)$是从水源到树状管网第k个节点处所经过的管段个数；Q_{ij}、D_{ij}、X_{ij}分别是从水源到第i个需水节点供水路径中的第j段管道流量(m^3/h)、管径(mm)、管长(m)；α是考虑局部水头损失的系数，一般取1.1；f、m、n分别是管道水头损失中与管材相关的参数(见表5-1)；E_k是树状管网中第k个节点处的地面高程(m)；$H_{k\min}$是满足第k个节点处流量所需要的最小水头(m)。

当水泵型号选定时，机泵加压式树状管网系统优化的设计目标是通过选择管网中各个管道的最佳管径组合，使管网系统投资最小，其线性规划模型以具有标准管径的管长为决策变量，以管网投资最小为目标函数，可建立水泵型号已知的机泵加压式树状管网系统的线性规划模型[71]：

$$\min Z = \sum_{i=1}^{N} \sum_{j=1}^{M} C_{ij} X_{ij} \tag{5-8}$$

管长约束：

$$\sum_{j=1}^{M} X_{ij} = L_i \quad (i = 1, 2, 3, \cdots, K) \tag{5-9}$$

工作压力约束：

$$E_0 + H - h - \sum_{i=1}^{M(t)} \sum_{j=1}^{M} \alpha f \frac{Q_{ij}^m}{D_{ij}^n} X_{ij} - E_k - H_{k\min} \geqslant 0 \tag{5-10}$$

式中：H 是水泵工作扬程（m）；h 是闸阀、首部枢纽和吸水管水头损失之和（m）；其余符号意义同前。

求解线性规划模型的算法主要有单纯形法、两阶段法等。在树状管网布置形式和节点需水量一定的情况下，以具有标准管径的管段长度和水泵扬程为决策变量，以管网投资和运行管理费用为目标函数，可构成树状管网的线性规划模型，该模型仅适用于树状管网，一般能保证得到一个全局最优解[72]。线性规划模型具有如下特性：

(1)决策变量数目多，最优管径集合确定困难，增大了计算工作量；线性规划模型约束条件包括节点水压约束和管长约束，约束数目多，限制了求解问题的规模。

(2)线性规划模型采用商业标准管径进行经济分析计算，其优化结果是具有标准管径的管段长度可以在工程中直接采用，无须调整。

(3)对于小型管网，线性规划模型一般采用单纯形法求解，使用方便，对于树状管网可以得到全局最优解。

5.4.2　非线性规划模型

非线性规划模型是指在数学规划问题中，目标函数或者约束条件中至少有一个是非线性函数的数学模型。其标准形式如下：

$$\min(\max) = f(x) \tag{5-11}$$

约束条件：

$$\begin{aligned} g_i(x) &\geqslant 0 \quad (i = 1, \cdots, m) \\ h_j(x) &\geqslant 0 \quad (j = 1, \cdots, n) \end{aligned} \tag{5-12}$$

式中：$f(x)$ 是目标函数；$g_i(x)$、$h_j(x)$ 是约束条件，且 $f(x)$、$g_i(x)$、$h_j(x)$ 中至少有

一个是非线性函数。

对于重力式树状管网供水系统,如果将管径作为连续变量处理,用单位长度的管道造价公式 $W=A+BD^b$ 计算管网投资,则可以用非线性规划模型进行树状管网的优化设计,同样以管网总投资额最小为目标函数,可以建立如下的非线性规划优化设计模型:

$$\min Z = \sum_{i=1}^{N} \left(A + BD_i^b \right) L_i \tag{5-13}$$

工作压力约束:

$$E_0 - \sum_{i=1}^{M(t)} \sum_{j=1}^{M} \alpha f \frac{Q_{ij}^m}{D_{ij}^n} X_{ij} - E_k - H_{k\min} \geq 0 \tag{5-14}$$

供水管道流速约束:

$$V_{\min} \leq V_i \leq V_{\max} \quad (i = 1, 2, 3, \cdots, K) \tag{5-15}$$

管径约束:

$$D_i \in [d_1, d_2, \cdots, d_M] \tag{5-16}$$

式中:D_i 是连续的管径变量(mm);A、B 是管道造价的系数;b 是管道造价的指数;$V_{\min}$、$V_{\max}$ 是管道最小和最大允许流速(m/s);M 为规格化管径个数;d_1,d_2,$\cdots$,d_M 是规格化管径(mm)。其他符号意义同前。

对于机泵加压式树状管网供水系统,如果将管径作为连续变量处理,用单位长度的管道造价公式 $W=A+BD^b$ 计算管网投资,则可以用非线性规划模型进行树状管网的优化设计,同样以管网总投资额最小为目标函数,可以建立如下的非线性规划优化设计模型:

$$\min Z = \sum_{i=1}^{N} \left(A + BD_i^b \right) L_i \tag{5-17}$$

工作压力约束:

$$E_0 + H - h - \sum_{i=1}^{M(t)} \sum_{j=1}^{M} \alpha f \frac{Q_{ij}^m}{D_{ij}^n} X_{ij} - E_k - H_{k\min} \geq 0 \tag{5-18}$$

供水管道流速约束:

$$V_{\min} \leq V_i \leq V_{\max} \quad (i = 1, 2, 3, \cdots, K) \tag{5-19}$$

管径约束:

$$D_i \in [d_1, d_2, \cdots, d_M]$$

在管网系统中,管道中水力元件的水头损失关系、水位变化以及各项投资等在一定程度上都是非线性的,完全靠线性模型无法准确反映问题的实质。因此,非线性规划模型能比较真实完整地反映管网系统的实际情况,是一种重要的管网设计优化模型[73]。但是非线性模型存在一定的不足:

（1）非线性规划模型的设计变量一般只能作为连续变量处理，优化结果需要进行圆整化处理，往往会破坏解的可行性和最优性；

（2）非线性规划模型的构造和求解方法的选择往往以实际问题的结构和分析者的经验为基础，没有统一的规则和普遍使用的解法；

（3）非线性规划模型的求解算法适用范围和求解能力有限，没有一种具有明显优势的求解算法，模型求解较为困难。

5.4.3　动态规划模型

动态规划模型是一种求解多阶段决策过程最优化的方法，它是由美国数学家贝尔曼（Bellman）等人在 20 世纪 50 年代研究多阶段决策过程中提出的一种数学方法。多阶段决策过程问题的动态规划求解，就是要求出包括最优策略和相应的最优指标函数值的最优解。从动态规划的性能及应用来看，对于小型树状管网，动态规划能得到全局最优解和一组次优解，但对于复杂管网来说，动态规划需要的计算机内存量很大，运行时间很长，甚至得不到最优解。此外，动态规划没有统一的标准，也没有构造模型的通用方法，甚至没有判断一个问题能否构成动态规划模型的准则[74]。因此，动态规划在实际应用中还受到很大的限制。用动态规划法求解管网优化设计问题时，以两个给水栓之间的管段作为一个阶段，根据所选择的状态变量又可以分为两种方法。其中一种方法以给水栓处的压力水头为状态变量，以其对应的水力坡降为决策变量，每一决策变量都有一当量管径与其对应，目标函数为管网投资最小，该方法考虑了地形因素。

5.5　基于遗传算法树状灌溉管网优化模型

树状管网造价远低于环状管网，广泛应用在灌溉管网和小城镇给水管网设计前期。目前，常用的树状灌溉管网按照布置形式可以分为梳齿形、鱼骨形等，但这些管网形式多为规则形状，管网中的干、支管在设计初期就很容易确定，适用于地形较为平坦的区域。对于地形起伏较大、种植作物组成复杂、面积较为分散且水源点不确定的农田，多为不规则灌溉管网。不规则树状管网干、支管不易确定，且不同的管网布置方案造价差别很大。所以，对于不规则树状供水管网优化应该将管网布置优化作为重点，有机结合管径优化，以达到整体上的最优[75]。管网布置优化是指优化选择各需水节点之间的连接路线，在一定程度上依赖设计人员的经验，其方案合理与否对工程投资有很大的影响；管径优化是指在确定的管网布置形式下，优选管网中各个管段的管径。国内外众多专家学者对树状管网优化进行了深入的研究。

大多研究都或多或少存在以下不足：管网优化以管径优化为主，对管网布置优化研究不够；针对不规则树状管网的研究较少；管网布置优化方法较为复杂，可操作性不强；管网布置优化中以计算机优化为主，较少考虑融入设计人员的经验。

5.5.1　树状灌溉管网优化步骤

(1)根据工程规划区的地形条件、水源点位置、灌溉农田分布状况确定不规则供水管网中各给水栓的位置，并根据工程设计人员经验，制定管网的初步连通图，标出各节点可能的供水管段中的水流方向，并依次编号，确定管网节点数目、每个节点的待选管段数目、各节点地面高程以及需水量，确定出计算所需要的各种管网布置参数矩阵[76]。根据规格化管径确定规格化管径的个数，确定计算所需要的各种管网管径参数矩阵，由规格化管道单价与管径拟合函数，确定计算所需要的各种管网优化目标函数参数矩阵。

(2)将步骤(1)中管网优化参数矩阵代入同步优化计算中，并确定管网同步优化中各遗传控制参数，例如，种群规模、最大遗传代数、代沟值、交叉和变异算子。

(3)随机产生一组初始群体，作为第一代遗传种群参与优化计算，根据优化布置目标(管网总长度最短或管网总投资最小)，采用不同的适应度函数形式，计算个体的适应度。

(4)对母代种群执行交叉和变异操作，通过适应度优选后，根据代沟值产生一个子代的计算群体，将优选后的子代群体重插入母代群体中，产生一个跟第一代母代群体具有相同规模的下一代母代群体，计算各个个体的适应度值。

(5)重复执行以上两步骤，直至满足进化准则，即达到最大遗传代数，按照适应度的高低，选择若干种树状管网同步优化方案。

(6)将计算所得出的各种布置方案和管网投资额度进行比较，并考虑实际工程中的其他限制因素，对各种优化结果进行评估、选择和修正，确定最终优化设计结果。

5.5.2　优化整数编码方法

遗传算法的一个主要特点是它不直接作用于最优化问题的求解参数上，而是在对所求解的参数进行某种编码后进行优化选择。树状灌溉管网的同步优化模型就是在优化中同步求解的一组符合要求的管网布置形式和最佳的管径组合。因此，必须选择一种适当的编码方式来表示优化模型中所要求解的参数。

在应用遗传算法进行管网的优化设计时，通常采用的是二进制的编码方式，由于管网优化中的变量是离散的，因此这种编码方式存在编码冗余的缺点，并且在管网水力计算过程中需要进行译码操作，无形中增大了程序的复杂性和运行时间，影响算法的实用性。针对这些问题，采用整数编码的遗传算法用于树状灌溉管网同步优化中的计算。由于这是一个多变量约束优化问题，用遗传算法进行优化，将管网布置与管径同步考虑，以需水节点为基础，并用整数方法编码(图 5.10)。编码前后两段分别表示各需水节点的供水管道编号及管径，两段编码长度均为需水节点数。

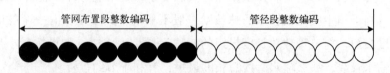

图 5.10　优化编码方法示意

5.5.2.1　同步优化布置段设计

网络的最优化拓扑结构问题是网络最优化问题中的一类，求解是指在满足给定的最优化准则以及约束条件的情况下确定网络的拓扑结构。最优化准则可以作为选择系统功能和系统发展目标的明确策略。可以制定的准则有最大利润、最小总费用、最低成本等经济最优化准则。灌溉管网系统布局优化问题是指在给定田块、给水栓位置的情况下，确定灌溉管网输水系统的最优拓扑结构。

树状管网即单一或多水源向多点供水，只有分流而没有汇流的管网。在农田灌溉工程如低压管道输水灌溉工程、喷灌和微灌工程中，树状管网比较常见。树状灌溉管网具有明显的点线特点(点：节点、泵站、闸阀等；线：管道)，空间拓扑关系清晰，因此可以应用图论对其进行优化。本书提出将最小生成树应用于低压管道输水灌溉工程的规划设计，实现管道布置优化。最小生成树在管道布置中的应用主要适用于对给定的或者确定的给水栓具体位置情况，生成完全树，再通过求解最小生成树，实现灌溉管网布置的优化，在最小生成树算法内，不生成多余节点，是直接在各节点(给水栓)之间连接的最短路径。

1)给水管网网络图论的提出

当把给水管网的节点作为图的顶点，把管段抽象为图的边，把管段的水流方向抽象为边的方向时，任何具体管网都可以抽象成一个有向图。如果再把管段长度作为边的权，就可得到一个加权有向图。

(1)树的概念。

在图论中，树的概念是：设线图 G 连通且有 V 个顶点，若 T 是 G 的一个有 n 个顶点和 $V-1$ 条边的连通子图，则称 T 为 G 的一棵树。树的基本特性中有一点：树枝

数 m 比节点数 V 少1。一个管网图,如果它的每个相异节点之间总存在自一个节点到另一个节点的一条路,则这个图是连通的。从一个管网图中去掉若干条管段所得的一个子图,如果满足连通和没有回路,且包含原管网的所有节点,那么就称其为原管网的一个"树"。对于管网的一个树,凡是属于此树的管段,称为树枝;凡是属于原管网而不属于树的管段,称为连枝。

(2)最短树。

对于一个树状管网网络图,根据图论知识可知,可以包含许多能形成树的子图,取法不同,则子图生成树枝管段的总长度一般不相同,其中至少有一个树的树枝管段的总长度最短。树枝管数总长度最短的树称为最小生成树。如果按最小生成树来布置树状输水管线,那么输水管线总长度最短,有利于节约投资。

2)树编码常用方法

树状灌溉管网布局,在不考虑地形因素的情况下,要使各个给水栓之间连线的总长度最短,可以用线性规划法、动态规划法以及图论中的最小树法等。

这些方法都可以在已知固定点间求总长最短的几何布局。在应用遗传算法求解最小树问题时,一般可以按照如下优化过程求解。

首先选择一种合适的编码方式表示最小生成树问题,然后直接以树的权重值最小为优化目标函数,从一组随机产生的初始解出发,以遗传算法控制优化搜索过程,通过不断搜索并评价可行的生成树,逐渐进化到一组权重值最小的生成树,实现最小生成树的优化求解。与传统算法相比,应用遗传算法求解最小生成树及其扩展问题能得到比较满意的结果。一般采用的树的编码方法有边编码、端点编码、端点和边混合编码。

边编码方式以网络图中所有边为编码变量,各个编码变量的取值为0或1,则一个长度为 m 且按网络图中边的编号顺序排列的二进制字符串可以表示该网络图的所有子图,当字符串中某位上的字符值为1时,表示它所对应的一条边是构成子图的边,当字符值为0时,表示它所对应的边不是构成子图的边。端点编码一般采用Prüfer 数编码方法,Prüfer 指出对于一个有 n 个节点的网络图,可以仅用 $n-2$ 个数字的排列来唯一地表达一棵树,其中每个数字都是 1 和 n 之间的整数。这个排列通常称为 Prüfer 数。该方法需要有严格的编码、解码方法,适用于最小生成树的扩展问题。边和节点混合编码又叫连线节点倾向编码,节点和连线的倾向值是 0 到 255之间的整数。该方式并不直接构成树,只是一个网络图连接费用的矩阵,需要用其他的算法来产生树。

以上介绍的三种编码方式具有如下的优缺点[77]:

(1)边编码方式表示最小生成树问题比较简单直观,但是它需要从正确的边数开始，并在遗传运算中保持这个边数，在传统遗传算法的操作下获得树的概率极低。

（2）Prüfer 数编码在经过遗传操作后不会产生非法个体，但是该方法编码和解码的过程复杂，且端点编码的方法需要复杂的算法来保持树不被破坏。

（3）编码方式编码较长，需要一个最小树生成算法由编码产生树，它缺乏一些和树相关的信息，所以，很难将边和节点混合编码方式用于求解最小树问题。

应用遗传算法求解最小生成树的问题，有效的编码必须遵循如下准则：

（1）能够表达所有可能的树，没有树不能被表达；

（2）编码和树之间方便来回转化，并容易计算适应度函数和约束条件；

（3）所有树都平等地被表达；

（4）表达上的小变化可以引起生成树的小变化；

（5）能够用较简单的方法使遗传计算群体找到更为合适的染色体。

因此，应用遗传算法求解最小生成树问题时，必须根据具体问题选择不同的编码方法，并且配以适当的遗传算子来提高算法效率。

3）管网布置编码

在树状灌溉管网中，输水管段总数比节点数少 1，管段与其下游节点是一一对应的，因此需要对节点和管段编号。

以图 5.11 某小型灌区管网初步连接图为例，介绍本书的树状管网布置优化编码方法。已知该管网中有 0~9 共 10 个确定位置的供水节点，其中 0 点为水源点，各给水栓地面高程和需水量已知。在单水源树状给水管网中，一个节点无论与其连接的管段有几条，其中只有一条向该节点供水，这个原则可以称为树状管网单点供水原则。这样就可以确定灌溉管网中每一个节点的上一级所有可能的供水管段。由于供水管网的节点不存在约束问题，可将每个节点与其所有可能的供水点相连并标出水流方向，如图中 2 点所有可能的供水点由设计经验可知只有 0、1、3，而不可能是 4~9 中的任何一个节点，如果为 4~9 中的一个节点，势必造成水源点到 2 点管线变长，使上游流量增大，从而管径增大，就将 0-2、1-2、3-2 相连并标出水流方向，然后按逆时针的顺序依次编号，染色体中的第 2 位基因就可以用 {0，1，2} 中的任意一个整数表示，其余节点的供水管段编码同理。这样除去水源点，布置段优化中染色体长度为 9 位，每一位的取值范围由初步连接图中向该节点供水的管段数确定。例如，整数编码串 [0，1，0，0，0，3，2，0，1] 可以表示管网连通图中由管段 [1]、[2]、[3]、[11]、[12]、[16]、[23]、[24]、[25] 组成的一棵生成树。

5.5.2.2　同步优化管径段设计

管径段采用二进制编码方式时，m 位的二进制字符串所能表示的管径规格数目

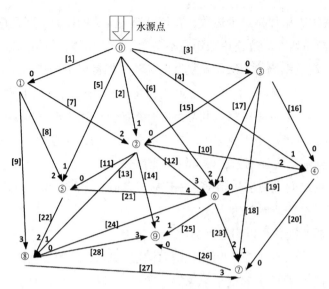

图 5.11　某小型灌区管网初步连接图

圈码数表示节点编号；数字表示节点连接管段编号；[ ]表示管段编号

为 $2m$ 个（m 取整数），例如，一个 4 位的二进制字符串最多只能表示 $2^4 = 16$ 种标准管径。但是在实际应用中，可用的标准管径规格的数目可能不一定是 2 的倍数，如可以应用的管径规格数目是 7、9、15 等，这时用一定位数的二进制字符串表示时，就会存在编码冗余的问题。为了保证标准管径与所选用的二进制字符串之间一一对应，即使有多余的编码，也要指定某种管径规格与之对应，这种处理增大了管径设计中可能的管径组合方案个数，使不可行的方案数目增多。当管网规模大、管段数目多时，采用二进制编码方式表示管径的组合方案，二进制串的长度可能达到数百位，这就增大了遗传操作的难度，并且在进行管网水力计算时还需要将二进制串还原为相应的管径，增大了计算量。

针对以上问题，为了改进和提高遗传算法应用的方便性和实用性，本书采用整数编码代替二进制编码方式，假设管网有 9 个管段、11 种可用的标准管径规格，分别为 50 mm、75 mm、90 mm、110 mm、125 mm、140 mm、160 mm、180 mm、200 mm、225 mm、245 mm，共 11 个规格管径可供选择，故管径编码可取 0~10 中的任一整数。假设管网一种可能的管径组合方案是[180 mm，160 mm，110 mm，75 mm，90 mm，125 mm，90 mm，150 mm，75 mm]，用整数编码方式就可以表示为[7，6，3，1，2，4，2，0，1]。采用这种编码方式避免了冗余问题，缩短了编码长度，并且符合使用者习惯，方便程序的实现。

5.5.2.3　同步优化编码小结

管网布置段编码取值范围由初步向连接图中该节点供水的管道数决定，按规格化管径单调递减或递增方式，用整数编码表达管径。编码[0，2，0，0，2，3，2，3，1，7，6，3，1，2，4，2，0，1]代表图 5.11 的管网布置，因此以需水节点为基础，用整数编码表达管网布置和管径可使管网满足连通性、单点供水约束，并保证所选管道为规格管径，克服二进制编码的编码冗余和易产生不可行解、求解效率低等缺陷。

5.5.3　目标函数与适应度函数设计

采用非线性规划模型，以管网投资最小建立目标函数：

$$F = \sum_{i=1}^{n} (a + BD_i^b) L_i \tag{5-20}$$

式中：F 是管网总投资（元）；n 是管网需水节点数；L_i、D_i 分别是向 i 节点供水管道的长度（m）和管径（mm）；a、B 是管道造价系数；b 是管道指数。

在遗传算法中必须对约束条件进行处理，但是目前尚无处理各种约束条件的一般性方法，根据具体问题，可以选择搜索空间限定法、可行解变换法和罚函数法。

在同步优化模型中，约束条件较多，通过罚函数法使管网有约束的目标函数变为无约束问题。可构造出如下的适应度函数：

$$F_{\text{fit}} = \cfrac{1}{\left(F + \lambda_g \sum_{i=1}^{N} G_i + \lambda_v \sum_{i=1}^{N} T_i\right)} \tag{5-21}$$

$$G_i = \begin{cases} -g_i, & g_i \leqslant 0 \\ 0, & 其他 \end{cases} \tag{5-22}$$

$$T_i = \begin{cases} V_i - V_{\max}, & V_i \leqslant V_{\max} \\ V_{\min} - V_i, & V_i \leqslant V_{\min} \\ 0, & 其他 \end{cases} \tag{5-23}$$

$$V_i = \left(\cfrac{1\ 000^2}{3\ 600}\right) \times \cfrac{Q_i}{[(\pi/4) \times D_i^2]} \tag{5-24}$$

$$F = \sum_{i=1}^{n} (a + BD_i^b) L_i \tag{5-25}$$

$$g_i = E_0 - \sum_{i=1}^{M(t)} \sum_{j=1}^{M} af \frac{Q_{ij}^m}{D_{ij}^n} X_{ij} - E_k - H_{k\min} \tag{5-26}$$

式中：F_{fit} 是适应度函数，G_i、T_i、λ_g、λ_v 分别代表压力和管道流速约束的罚函数值与惩罚因子；V_i 为通过第 i 个管道中的实际流速（m/s）。

5.5.4　水流路径与流量矩阵推求

适应度函数中的参数 L_i、D_i 通过染色体的布置段和管径段编码值解码求得。式

(5-26)中的 E_k 与 H_{kmin} 已知，Q_{ij}、D_{ij}、X_{ij} 分别为从水源向第 i 个需水节点供水的第 j 段管道的流量、管径和管长。在遗传寻优过程中，由于向各需水节点供水的水流路径不断变化，确定较为困难，需要根据遗传运算中的管网布置和管径编码由计算机自动识别其相应水流路径才能确定，这是多年研究的难点。以图 5.12 为例说明不同管网布置下供水管道流量推求过程，对图 5.12a 的管网布置构造初始需水节点矩阵 [1，2，3，4，5，6，7，8，9] 和对应供水节点矩阵 [0，0，0，3，2，2，6，6，6]，根据各节点需水量构造各个供水管道的初始流量矩阵 [25，25，30，30，30，25，25，25，25]，如图 5.12a′ 所示。在供水节点矩阵中找出需水节点矩阵未出现的节点 [1，4，5，7，8，9] 即为末级需水节点，用 -1 代替需水节点矩阵 [1，2，3，4，5，6，7，8，9] 中末级需水节点，得到记录矩阵 [-1，2，3，-1，-1，6，-1，-1，-1]，如图 5.12a′ 所示。根据记录矩阵中 -1 的值查找对应的供水节点矩阵 [0，3，2，6，6，6]，其值不为 0 时，该节点不是水源点，则将该末级需水节点的流量传递给它的上级管道，得到新的流量矩阵，如图 5.12b′ 所示。找出记录矩阵中取值为 -1 的编号，删除需水节点、供水节点矩阵中对应编号的节点，得到新的需水节点、供水节点矩阵(图 5.12c′)和简化后的供水路径(图 5.12b)。再根据简化后的需水节点、供水节点矩阵重复以上过程，直到需水节点、供水节点矩阵为空矩阵，得出向各节点供水管道的流量矩阵，如图 5.12d′ 所示。由此推求出该管网布置时的各管道流量矩阵。

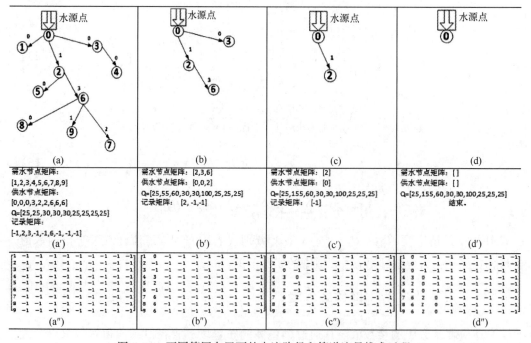

图 5.12　不同管网布置下的水流路径和管道流量推求过程

以图 5.12 为例说明供水路径的确定方法。由图 5.12a 构造水源节点到需水节点初步水流路径矩阵如图 5.12a″所示，由记录矩阵找出末级需水节点的上级节点，得到新的水流路径矩阵，如图 5.12b″所示，用上文方法将末级需水节点及其对应的供水节点删除，得到新的需水节点、供水节点矩阵（图 5.12b′）和简化后的供水路线（图 5.12b）。再根据简化后的需水节点、供水节点矩阵重复以上过程，得各步简化中水流路径矩阵，如图 5.12b″～d″所示，最终供水点为水源节点 0，由此推求向各需水点供水的水流路径如图 5.13 所示，最后结合管网布置和管径基因编码，确定式中参数 $M(t)$、Q_{ij}、D_{ij}、X_{ij}、G_i、T_i、V_i 等。

图 5.13　水流路径

5.5.5　实例仿真计算

5.5.5.1　遗传算子设计

（1）选择算子：选择建立在群体中个体适应度评价基础上，将上一代种群经过交叉和变异产生的子种群个体混合，采用基于排序适应度分配的锦标赛方法选择。

（2）交叉算子：取交叉概率 $P_c = 0.7$，将父代中个体进行配对后单点交叉，产生子代个体。

（3）变异算子：在变异算子 $P_m = 0.3$ 控制下，随机选择个体和基因码位置，在该位基因所允许的取值范围内随机变异。

5.5.5.2　管网同步优化与分步优化模型性能对比

树状管网优化常以工程造价最小或工程年运行费用最小为目标函数作为数学模型。对于进口水头已确定的管网系统，以工程造价最小作为优化目标；对于水头尚未确定的需要通过水泵加压的系统，则以系统年折算费用最小作为优化目标，即以工程总投资的年金值（折算为年值）与年运行费用之和最小作为优化目标。由于造价是管径的非线性函数，且标准管径为有限的离散值，考虑到造价和管道的水头损失均可视为管长的函数，运行能耗费可视为进口所需增加的水头的线性函数，故假定各段均由几种标准管径的子管段串联而成，并以相应的长度和系统进口所需增加的水头为决策变量，建立非线性数学模型，然后采用整数编码遗传算法求解。

在图 5.11 所示的某小型灌区中，共有 9 个需水节点(除去水源点)，按照近邻规划的原则，确定管网的初步连接图，共有 28 条可能的连接管线。管网上各个节点所必需的压力水头为 10 m，管网允许的最低流速为 0.5 m/s，允许的最大流速为 3 m/s。

管网中各节点所连接管段数据见表 5-2。

表 5-2　图 5.11 中管网各管段基本数据

管段编号	流出节点	流入节点	长度(m)	管段编号	流出节点	流入节点	长度(m)
[1]	0	1	402	[15]	3	2	457
[2]	0	2	248	[16]	3	4	385
[3]	0	3	398	[17]	3	6	658
[4]	0	4	821	[18]	3	7	670
[5]	0	5	543	[19]	4	6	536
[6]	0	6	703	[20]	4	7	354
[7]	1	2	251	[21]	5	6	421
[8]	1	5	267	[22]	5	8	199
[9]	1	8	379	[23]	6	7	248
[10]	2	4	803	[24]	6	8	300
[11]	2	5	255	[25]	6	9	227
[12]	2	6	258	[26]	7	9	245
[13]	2	8	350	[27]	8	7	550
[14]	2	9	564	[28]	8	9	347

管网中各节点数据见表 5-3。

表 5-3　图 5.11 中管网各节点数据

节点编号	0	1	2	3	4	5	6	7	8	9
节点需水量(m³/h)	-240	25	25	30	30	30	25	25	25	25
地面高程(m)	220	190	190	191	190	190	189	189	189	189

由表 5-4 中的不同编码代表管径的管道单价数据，通过曲线拟合，可以得到管道单价的经验公式：

$$S = 1.5 + 0.000\ 537\ D^{1.92} \tag{5-28}$$

表 5-4　图 5.11 中不同编码代表管径的管道单价

整数编码	0	1	2	3	4	5	6	7	8	9	10
管径(mm)	50	75	90	110	125	140	160	180	200	225	245
价格(元)	2.5	3.6	4.5	6.2	7.0	8.6	11.0	13.0	15.6	19.2	24.2

本书建立了树状管网同步优化的模型，将树状管网的布置与管径同步进行优化。对于布置段编码，在管网各节点布置情况已知的条件下，根据树状管网单点供水的原则(树状管网中向某一节点供水的节点只有一个)，首先将管网中各节点所有可能的供水点与该点连接，形成管网布置方案初步有向连接图，由初步有向连接图中向该节点供水的管道数确定管网布置段编码取值范围。管径段的编码是对当前布置方案下的管网进行管径的同步优化选择，在可用的标准管径规格中，按规格化管径单调递减或递增方式用整数编码表达管径值，再将各方案下所得的最终结果进行比较，得到该树状管网优化的整体最优解或近似最优解。

经计算，本书方法与分步优化方法确定的管网优化布置如图 5.14 所示，其最优解的管网长度、投资额分别为 2 812 m、15 832 元和 2 721 m、16 541 元。两者相比，本书方法确定的管网长度虽比分步优化方法大 3.3%，但工程投资额减少 4.3%，说明本书方法可有效克服分步优化方法由于所选取的优化布置方案个数有限，可能得不到全局解的缺陷，实现管网布置和管径选择的同步优化。

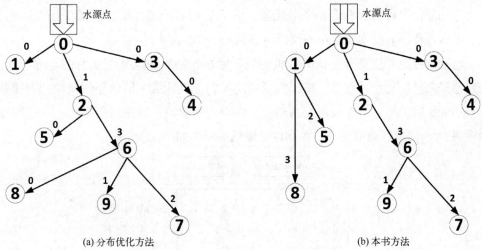

(a) 分布优化方法　　　　　　　　　　(b) 本书方法

图 5.14　分步优化方法与本书方法确定的管网优化布置

第6章 电磁阀智能控制器研究

当前，我国水资源日益紧缺，其中农业灌溉用水占总用水量比例最高。随着农业智能化的发展，越来越多的农田开始采用灌溉控制系统进行灌溉。传统灌溉控制系统一般包括自动灌溉控制器和电磁阀两部分，灌溉控制器只简单执行灌溉策略，多采用有线方式控制电磁阀[78]。随着灌溉规模的扩大，采用有线控制方式不可避免地出现安装困难、维护不便和扩展复杂等弊端[79]；基于以上存在的问题，本书设计并研制了一种基于 LoRa 的电磁阀智能控制器，该智能控制器实现采集土壤墒情、管道压力、管道流量等数据和控制灌溉电磁阀的功能，从而实现精准灌溉、适量灌溉、降低水资源损耗、无人值守和灌溉系统自动化控制目的。

6.1 控制器总体硬件结构

电磁阀智能控制器以植物为研究载体，实时检测植物各层土壤含水量，通过 LoRa 无线传输技术，将土壤墒情传感器所采集到的数据传输到监控中心，根据植物的最低需水量来制定植物定时、定量灌溉策略，控制器在接收到控制命令后，会按照指定的通信协议解析命令帧和数据帧，并完成相应的动作即打开或关闭电磁阀，完成灌水任务，同时向监控中心反馈电磁阀的工作状态[80]。

电磁阀控制器应具有极低的待机电流，可在连续阴雨天气下长时间可靠工作。控制器采用模块化设计方案，根据实现功能不同，设计成不同的硬件模块，方便升级及功能扩展，可分为充放电控制模块、核心控制模块、数据采集模块、电磁阀控制模块、LoRa 无线通信模块。控制器总体硬件结构如图 6.1 所示。

图 6.1 控制器总体硬件结构

6.1.1 充放电控制模块

在整个电路设计中，充放电控制模块的设计是很重要的，有一个性能稳定的充电控制模块是一个电路系统能够正常工作的基本条件。充放电控制模块结构如图6.2所示。

图 6.2 充放电控制模块

由于智能控制器是整个智能灌溉控制系统的灌溉执行核心器件，为了使其能够稳定并且不间断运行，及时、准确地控制电磁阀的开关，选择"太阳能板+蓄电池"作为其供电电源[81]。而智能控制器电路中所用到的其他模拟、数字电路器件的供电需求都是低电压，包括典型的 3.3 V、5 V 和 12 V。因此需要充电控制模块对太阳能板、蓄电池进行电源电压的转换，保证智能控制器的供电需求。

6.1.2 核心控制模块

采用 MSP430 作为核心控制器，基本电路包括晶振、看门狗及远程复位电路、外部接口（I/O 接口、外部中断接口、串口扩展 TTL 或 RS232、串口扩展 RS485、SPI 接口、I2C 接口）、电源、扩展本地基础 Flash 存储、扩展外部 EEPROM、RTC时钟。核心处理模块结构如图6.3所示。

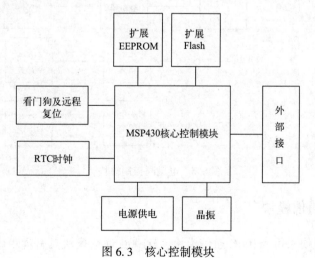

图 6.3 核心控制模块

6.1.3 数据采集模块

数据采集模块是无线采集器的核心模块，主要接入墒情传感器 3~6 路，智能水表一个，预留温湿度、风速风向、管道流量计。传感器电源可单独控制开关，通信接口采用 485 总线星形连接。数据采集模块结构如图 6.4 所示。

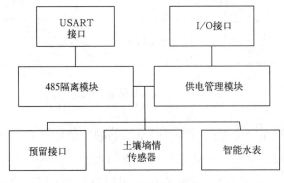

图 6.4 数据采集模块

6.1.4 电磁阀控制模块

控制模块的控制信号通过光耦隔离后驱动继电器，通过继电器控制电磁阀开关，同时流量开关的反馈信号也经过光电隔离后传递给单片机，防止电磁阀启闭对控制电路造成的干扰。同时流量传感器的脉冲信号通过光电隔离后接入单片机的外部中断，可对灌溉量进行测量[82]。电磁阀控制模块结构如图 6.5 所示。

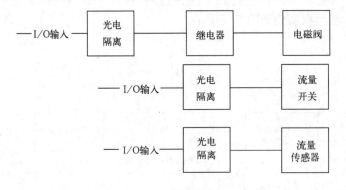

图 6.5 电磁阀控制模块

6.1.5 无线通信模块

无线通信模块采用 M100C 通信模块，M100C 通信模块具有远距离、低功耗、抗干扰能力强、便于部署应用等特性。模块采用 LoRa 扩频调制技术，具有极高的灵敏度，通信距离可达 1~10 km。M100C 通信模块提供了丰富的外围接口，包括 SPI、UART、ADC、GPIO、I2C 等，无线通信模块结构如图 6.6 所示。

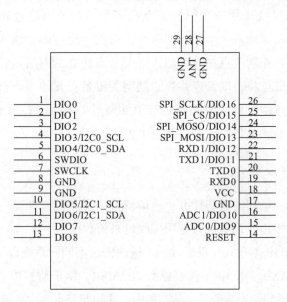

图 6.6　无线通信模块

电磁阀智能控制器实物如图 6.7 所示。

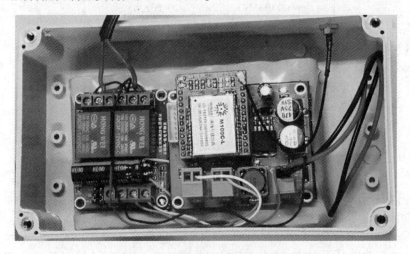

图 6.7　电磁阀智能控制器实物

6.2　电磁阀控制器软件设计

电磁阀控制器的软件必须具有以下功能：能够接收来自监控中心发送的命令帧，

并按照指定的通信协议来组织和解析命令帧消息，按照具体消息的内容，打开或关闭电磁阀，在规定的时间内完成灌水动作，同时实时向监控中心反馈电磁阀的工作状态[83-85]。因此，系统采用一个网关节点和多个控制节点进行通信。通信过程如下：网关节点在启动或加入一个无线网络后，被置于允许绑定模式来响应从控制节点发来的绑定请求；控制节点在成功加入网关节点建立的网络后，由于网关处于允许绑定模式，控制节点将自动发现并绑定到网关设备；开始报告节点状态数据到网关节点上。控制节点主要负责电磁阀的开关并通过 LoRa 无线通信技术将控制节点的状态以及电磁阀的状态传输到网关节点中去。

6.2.1 通信协议设计

协议定义的是一系列的通信标准，通信双方需要共同按照这一标准进行正常的数据收发，这样才能相互理解从对方所接收过来的数据。

帧是传送信息的基本单元，根据数据传输的需求不同，系统设计了两种数据帧结构，分别是 COMMAND_FRAMER 和 DATA_FRAMER，用于监控中心与节点间的数据发送与接收，其关系如图 6.8 所示。从监控中心往控制节点方向传输的是命令帧 COMMAND_FRAMER，从控制节点向监控中心方向传输的是数据帧 DATA_FRAMER。

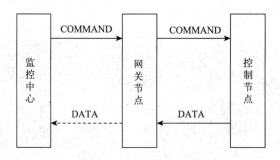

图 6.8　数据通信协议

6.2.2 网关节点设计

网关具有建立一个网络的功能，它会基于协议栈选择一个信道，建立一个新网络并允许其他节点加入网络。整个网络组建成功后，系统便会开始运行，当网关节点接到来自传感器节点发来的农作物环境参数时，会将数据传递给监控中心，监控中心采用系统的作物需水量模型对数据进行智能分析，判断农作物是否缺水，进而作出是否进行灌溉控制的命令[86]。

网关节点完成的任务主要有：

（1）初始化协议栈，进行参数设置；

（2）选择信道，建立新网络；

（3）开启绑定功能，允许其他节点加入和离开网络，分配网络地址，维护网络拓扑；

（4）周期性地查询其他在网节点状态；

（5）接收灌溉控制命令并根据命令做出相应处理。

具体流程如图 6.9 所示。

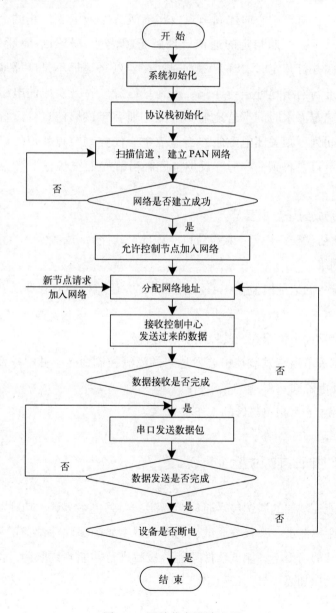

图 6.9　网关节点设计流程

6.2.3 控制节点设计

控制节点主要实现数据发送和电磁阀的控制两个功能。当完成系统初始化后，控制节点启动，会自动寻找并加入网关网络，同时网关将控制节点的地址发送给监控中心。监控中心根据地址对该设备进行登记后，该设备节点的数据才能被监控中心所接收，否则监控中心将不处理该地址的数据。并且在注册后，监控中心才能向该节点发送命令。监控中心向控制节点发出灌溉开始或灌溉停止的命令，控制节点在收到命令后，会按照指定的通信协议解析帧信息，若网络地址为广播地址，则打开全部阀门并打开定时器确定灌水时间，若网络地址不是广播地址，则将进一步将目的地址与网络地址进行匹配，若地址匹配，打开对应的电磁阀门进行灌水，同样需要确定灌水时间。若地址不匹配，则丢弃该帧信息，设备进入休眠状态。当灌水时间到，则关闭电磁阀。当监控中心向控制节点发出灌溉状态查询的命令时，控制节点在收到命令后，反馈电磁阀当前的工作状态[87-90]。具体程序流程如图6.10所示。

控制节点完成的任务主要是：

(1)初始化协议栈，进行参数设置以及硬件、软件的初始化；

(2)加入网络；

(3)根据设备的地址向监控中心注册设备，方便监控中心管理所有在网的设备节点；

(4)固定周期向上汇报在网的控制节点的状态；

(5)接收网关节点转发监控中心发过来的灌溉控制命令，并根据命令做出相应处理(是否打开电磁阀)；

(6)向监控中心汇报电磁阀的工作状态。

6.3 电磁阀控制器联调分析

电磁阀智能控制器的联调包括通信距离测试、丢包率测试、功耗测试及功能测试联调。通信距离测试、丢包率测试、功耗测试主要确保硬件设备正常运行。在保证硬件功能正常的前提下，测试软件功能，最后进行功能测试联调，保证系统功能完整、性能参数达到要求且运行稳定[91-92]。

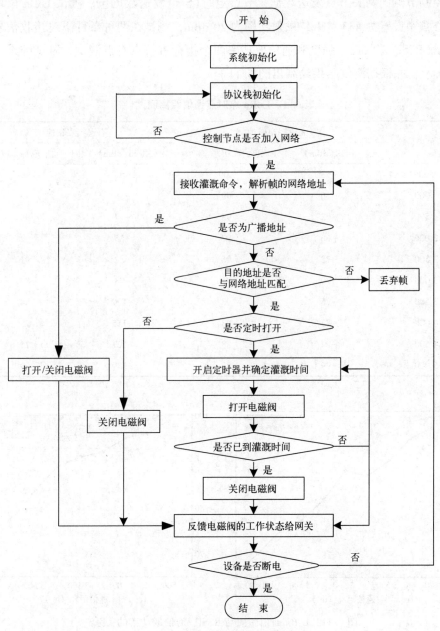

图 6.10　控制节点流程

6.3.1　通信距离测试

通信距离是衡量本系统性能最重要的指标之一，无线 LoRa 有效的通信距离是保证正常通信的前提。测试采用点对点的通信方式，将网关节点固定，移动控制节点，控制节点向网关节点发送数据，节点定时(5 s)发送数据包。测试 LoRa 模块射频中心频率设置为 433 MHz，发射功率为 20 dBm，测试在两种条件下对接收信号强度指示(RSSI)接收信号强度和通信成功率两个指标进行点对点测试，测试结果如表 6-1 所示，并根据测试结果绘制出图 6.11。

表 6-1　LoRa 点对点通信距离测试

通信距离(m)	无遮挡空旷地		有遮挡农田地	
	RSSI(dBm)	通信成功率(%)	RSSI(dBm)	通信成功率(%)
500	−53	100	−59	99
1 000	−56	99	−65	96
1 500	−62	98	−77	95
2 000	−66	97	−85	92
2 500	−73	96	−82	91
3 000	−70	95	−98	89
3 500	−75	93	−109	84
4 000	−83	93	−115	78
4 500	−92	88	−127	75
5 000	−99	82	−139	69

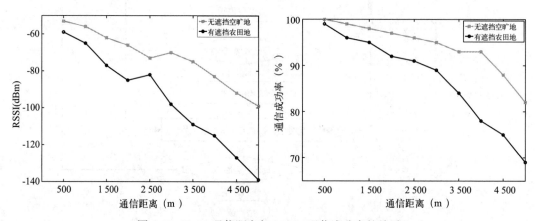

图 6.11　LoRa 通信距离与 RSSI、通信成功率的关系

从表 6-1 可以看出，在两种测试环境下，接收信号强度和通信成功率随着距离的增加而减小，无遮挡空旷地的通信成功率优于有温室大棚遮挡物通信成功率，在 2 500 m 的范围内，通信成功率可以达到 90% 以上。从图 6.11 可以看出，在两种测试环境下，随着通信距离的增加，接收信号强度和通信成功率均不断减小，并且在相同测试距离下，无遮挡物环境的测试结果优于有温室大棚遮挡的情况，测试结果

符合预期判断。虽然从 M100C 无线通信模块的技术手册上看，理想条件下最优通信距离可达 10 km，甚至更远，但是实际应用场景下并不能达到。主要原因有电路板的布局布线带来的干扰，实际使用环境中的地形地貌、天气的影响，天线类型的选取等[93-94]。

6.3.2　丢包率测试

丢包率测试环境在 3 km 范围内有遮挡物的条件下进行，测试分为多点通信和单点通信。数据包大小分为 15 个字节和 30 个字节，每组收发 1 000 个数据包。

6.3.2.1　单点通信

在测试环境中，选择一个采集节点定时单向传输数据给汇聚节点，数据包大小分为 15 个字节和 30 个字节，结果如表 6-2 所示，并绘制出不同数据包大小情况下丢包率的变化，如图 6.12 所示。

表 6-2　单点通信丢包率测试结果

通信距离(m)	数据包 15 个字节		数据包 30 个字节	
	接收数据包(个)	丢包率(%)	接收数据包(个)	丢包率(%)
500	996	0.40	981	1.90
1 000	985	1.50	953	4.70
1 500	972	2.80	938	6.20
2 000	947	5.30	914	8.60
2 500	933	6.70	905	9.50
3 000	878	12.20	864	13.60

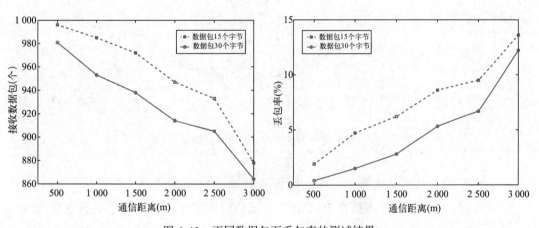

图 6.12　不同数据包下丢包率的测试结果

从表6-2和图6.12可以明显看出，数据包大小对丢包率有明显的影响，在相同通信距离情况下，数据包越大，丢包率也越高，原因是30个字节的数据包比15个字节的发送时间间隔长，因而丢包率会增加。

6.3.2.2 多点通信

在测试环境中，选取3个采集节点和1个汇聚节点组成一个无线传感器网络，采集节点同时向汇聚节点发送数据，数据包大小设定为15个字节，每个节点发送1 000个数据包。测试结果如表6-3所示，并据此绘制出多点通信丢包率的变化趋势，如图6.13所示。

表6-3　多点通信丢包率测试

通信距离（m）	接收数据包（个）			丢包率（%）		
	节点1	节点2	节点3	节点1	节点2	节点3
500	991	988	990	0.90	1.20	1
1 000	976	981	979	2.40	1.90	2.10
1 500	950	953	964	5	4.70	3.60
2 000	919	922	917	8.10	7.80	8.30
2 500	881	887	892	11.90	11.30	10.80
3 000	862	871	873	13.80	12.90	12.70

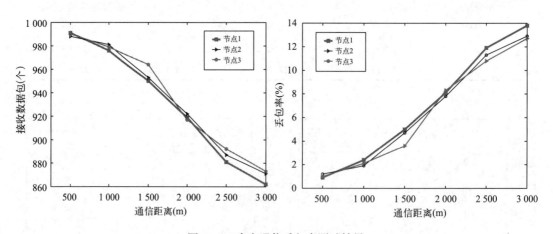

图6.13　多点通信丢包率测试结果

根据表6-3可以估算出，在实际温室环境的应用场景下，在通信距离小于1.5 km时，丢包率基本维持在5%以内，当通信距离超过2.5 km时，丢包率在10%以上，超出本系统要求的最大丢包率，因此不予考虑。图6.13表明，随着通信距离的增加，丢包率越来越大，3个采集节点与汇聚节点之间通信丢包率也大致一样。

对比表 6-2 和表 6-3 的测试数据，多点通信的丢包率比单点通信的丢包率高。

从对通信距离和丢包率的测试结果分析来看，随着无线通信距离的增加，丢包率会明显上升，数据包的大小对丢包率也有一定的影响，数据包越大，相对应的丢包率会增加。因此，在实际的农业温室环境监测系统中，要合理地设计采集节点到通信节点之间的节点部署的距离，同时尽量减小单个数据包的字节数，以达到最佳的无线数据传输目的[95]。

6.3.3　功耗测试

系统器件选型和电路设计主要是围绕远距离和低功耗两个目标进行。因此，需要对 M100C 无线通信模块在不同运行模式下进行功耗的测试。测试主要器材有直流稳压电源、负载电阻、万用表和示波器等，测试示意见图 6.14。

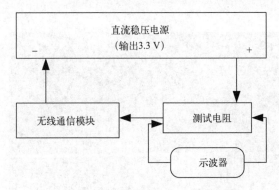

图 6.14　LoRa 无线模块功耗测试示意

测试时，供电电压按照标准的 3.3 V 供电，为了方便精确地测试电流值，在 LoRa 模块的电源输入端串联一个电阻，通过电阻两端的电压差值除以电阻值得到电流值。同时考虑到不同模式下的电流值差距较大，因此需要选择合适的电阻值。无线模块各状态下的功耗如表 6-4 所示。

表 6-4　LoRa 无线模块功耗测试

参数	参考电流（mA）	实测电流（mA）	实测功率（mW）	工作条件
系统上电	10~15	14.52	47.916	工作电压 3.3 V 发射功率 20 dBm 中心频率 433 MHz
发射模式	120	137.7	454.41	
接收模式	12	12.5	37.95	
休眠模式	2.5	2.37	7.821	

从表 6-4 可以看出，发射电流和接收电流略高于预期的参考值，但在正常值的

范围内，同时休眠电流低于预期值，总体上，LoRa 模块的功耗达到预期目标。

6.3.4 功能测试联调

功能测试联调对电磁阀智能控制器的信息采集功能、灌溉控制功能、数据上传功能进行联调。调试结果表明，电磁阀智能控制器可以正常加入网络。电磁阀智能控制器周期性地上传相关参数到监控中心，监控中心会将历史数据保留下来，并计算出植物的需水状态，如缺水，会发出一条灌溉命令给电磁阀智能控制器，让电磁阀智能控制器控制电磁阀开启，进行灌水，同时将电磁阀的状态反馈给监控中心，方便管理员统一管理监测设备。在这期间，电磁阀智能控制器仍然会周期性地采集参数，反馈给监控中心，监控中心会根据植物的实时需水量来更正之前的判断，确保实现适时、按需精确灌溉，达到高效节水的目的。电磁阀智能控制器如图 6.15 所示。

图 6.15　电磁阀智能控制器实物

为了便于联调的进行，将土壤水分设定值设为 20%，以 2 d 为 1 个灌水周期，进行为期 2 周的灌溉试验，对土壤水分的变化进行记录，以验证电磁阀控制器的长期使用效果。为了更好地观察试验效果，在联调前植物已出现明显缺水现象。植物中的土壤水分含量随灌水周期的变化如图 6.16 所示。

　　由图 6.16 可以发现，将电磁阀控制器引入后，在每一个灌水周期内，电磁阀控制器能迅速动作，执行灌溉命令，将土壤水分保持在设定的适宜范围内，通过 2 周的观察来看，该电磁阀控制器具有较好的工作稳定性和控制准确性。

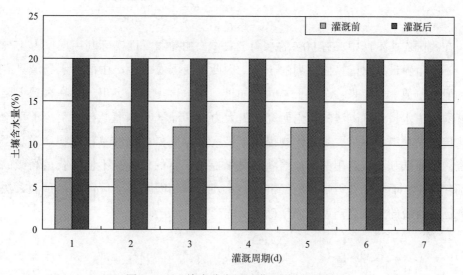

图 6.16　土壤水分含量随灌溉周期的变化

第7章 作物需水量预测模型研究

在我国农业生产中，有90%的水用于农作物的灌溉，而实际利用率仅为45%左右，不足世界最缺水国家以色列的50%。因此，我国农业生产中的节水领域具有很大的研究价值。近年来，全球干旱问题加重，用水供需矛盾突出，这在客观上要求重视灌区需水量预测方法的理论研究，为大力推广灌区节水灌溉技术奠定了理论基础。传统的灌溉目标主要是向作物提供丰足水分以获得高额的单位面积产量。当今水资源的短缺和灌溉费用的增加给灌溉科学提出了新的目标，不但要获得高额的单位面积产量，而且要获得最优的经济效益。在这种情况下，灌区需水量预测方法的研究已从传统的丰水高产型转向精确节水优产型。

7.1 作物需水量

7.1.1 作物需水量概念

作物需水量理论上是指生长在大面积农田的无病虫害作物，土壤水分和肥力适宜时，在给定的生长环境中能取得高产潜力的条件下，为满足植株蒸腾和土壤蒸发，组成体所需要的水量。但在实际中，由于组成植株体的水分只占总需水量中很微小的一部分(一般小于1%)，而且这一小部分的影响因素较复杂，难以准确计算，故一般此部分忽略不计。即认为作物需水量等于植株蒸腾量和棵间蒸发量之和。植株蒸腾量与棵间蒸发量之和又被称为蒸发蒸腾量、腾发量、蒸散量或农田总蒸发量。作物需水量是农业用水的主要组成部分，其预测是灌溉预报的关键，为了较准确地预先确定灌水周期或估计非充分灌溉引起的减产率，必须预测未来一段时间内作物需水量及其变化过程。它是水资源开发利用时必需的重要资料，同时也是制定流域规划、地区水利规划，以及灌排工程规划、设计、管理和农田灌排实施的基本依据。因此，作物需水量预测及合理地制定作物的灌溉制度历来受到国内外学者的高度重视。

7.1.2 作物需水量理论研究

作物需水规律的研究主要集中在作物需水量的研究上，需水量作为农田水利工程规划、设计与灌溉用水管理的重要参数，长期以来一直为水利科学界所重视。早期在世界上从事作物需水量研究卓有成就的科学家有苏联的考斯加可夫、布德科，英国的彭曼(Penman)，美国的布莱尼(Blaney)、詹森(Jensen)等。

开始的作物需水量研究是以水量平衡理论为基础。古典的称重法就是以水量收支为根据计算作物需水量。大约在 20 世纪 40 年代，水文、气象部门开始用能量平衡法与水汽扩散理论进行水面蒸发研究，到 40 年代后期，这一方法也应用到作物需水量研究工作中。能量平衡法的基本思路是将作物蒸发蒸腾量看作是能量消耗过程，通过能量平衡计算求出作物蒸发蒸腾消耗能量，然后把消耗的能量换算为水量，即为作物需水量。在能量平衡法的基础上，彭曼基于在英国洛桑实验站 20 多年的工作提出了彭曼公式，该公式中两个重要组成部分——热量平衡项和空气动力项都是有理论依据的[96-97]，只需要普通的气象资料就可以计算，为作物需水量估算提供了很大的方便。

20 世纪 60 年代中期，作物需水量研究进一步完善，考虑的因素更为全面、细致，突出的表现是考虑生物学因素的影响。因为作物蒸发蒸腾不仅是物理过程，更精确地说，是物理生物学过程，因而在研究作物蒸发蒸腾问题时需要考虑这两方面因素。1965 年，蒙特斯(Monteith)[98] 在计算作物蒸腾时引入了冠层气孔阻力等参数，建立的彭曼-蒙特斯(Penman-Monteith)方程较好地解决了仅用能量平衡或水汽扩散理论计算的不足。60 年代末期开始的土壤-植物-大气连续体(SPAC 系统)的研究，对于弄清整个连续体中水分能量、阻力的分布以及各个部分能量、阻力的变化规律和相互反馈关系，以及系统内的水分通量、阻力、水容的分布具有重要作用，把作物需水理论推向了一个新的高度。Kumar 等[99] 用人工神经网络方法对潜在蒸发蒸腾量进行了估计，计算结果较为理想。Bijiu 等[100] 将计算蒸发和蒸腾量的各种计算模式开发成决策支持系统，实现了计算作物蒸发蒸腾量的智能化。Sudheer 等[101] 采用一种网络计算技术在缺少气象数据的条件下对实际蒸发蒸腾量的估算进行了探讨。

康绍忠等[102] 利用彭曼-蒙特斯模式对作物蒸发蒸腾量的估算进行了研究，分析了产生计算误差的四个原因，对模式中参数的取值进行了讨论，分别比较了考虑和不考虑气压订正与空气层间稳定性订正时计算值的差异。结果表明，不考虑气压订正时的计算值比实测值偏小 10%～20%，而空气层间稳定性订正对计算结果的影响不如气压订正的显著。昴智等[103] 对河北与广西旱作物和水稻灌溉试验实测成果进行了分析，提出了预测逐日参照需水量的方法与模型。吕学都等[104] 将影响蒸发蒸腾的因子归结为气象、土壤和作物三大类，并讨论了冬小麦蒸发蒸腾量的计算方法。谢贤群和吴凯[105] 依据彭曼-蒙特斯方法对小麦田田间蒸腾需水量计算方法进行了探讨，得出了一个改进的需水量计算模式，并用中国科学院禹城综合试验站的观测资料对模式进行了计算，取得了较好的效果。王志良等[106]在模糊回归分析方法基础上，首次将此方法应用于水利科学问题中，针对水稻生育期需水量与气温的相关关系，建立了二者之间的模糊回归方程，与传统的回归分析方法比较发现，模糊回归模型比常回归模型提供了更多的信息量，更具有优越性。江显群等[107]以公共天气预报可测因子及历史气象数据计算参考作物需水量 ET_0 为基准，分别建立了基于回归型支持向量机(SVR)预报模型与 BP 神经网络预报模型，SVR 预报模型表现出显著的相关性和整体吻合度，可为灌溉预报及决策提供较为准确的 ET_0 预报数据。

7.2 作物需水量影响因素

大量灌溉试验资料表明，作物需水量的大小与气象条件(包括太阳辐射、气温、日照、风速和湿度等)、土壤条件(包括土壤含水量、土壤质地、结构和地下水位等)以及作物的生物学特性(作物根系吸水能力、叶面指数等)、农业技术措施、灌溉排水措施等有关[108]。各种不同的农业技术措施和灌溉排水措施只对作物需水量产生间接影响，通过改变土壤含水量或者改变农田小气候间接地改变作物的生长状况。气象条件、土壤条件及作物的生物学特性是影响作物需水量的主要因素。

7.2.1 气象条件

气象条件对农田作物蒸散的影响主要是通过辐射和风的作用，对近地层空气产生影响，使蒸散面以上的空气湿度梯度发生变化，从而影响蒸发。它表现为多方面的综合影响，例如，太阳辐射、气温、风速以及露、霜、雾等天气现象都会对作物需水量产生不同程度的影响。

连续蒸发必须有连续供给汽化潜热的能量，而太阳辐射是汽化潜热能量的唯一来源。在其他条件相同时，辐射量大，蒸发量也大，作物需水量也相对较大。但是，当太阳辐射太强时，会使作物气孔关闭，叶面蒸腾减小，从而使整个作物需水量减小。因此作物需水量与太阳辐射密切相关。

气温是影响作物需水量的重要因素。它不但可以用来衡量辐射能的大小及其变化，而且决定着空气里饱和水汽含量和水汽扩散的快慢。一般来说，温度梯度越大，空气对流越强，湿度梯度越大，水汽扩散越快。因此，气温越高，蒸发越快。许多分析结果表明，作物需水量与气温呈线性或指数关系。

大气相对湿度也是影响作物需水量极其重要的因素之一。资料表明，若大气相对湿度较高、水汽接近饱和，则叶面和大气间的水汽压梯度较小，且土壤能较长时间保持湿润，这时蒸腾、蒸发较慢，作物需水量较小。反之，大气相对湿度越小，则叶面和大气间的水汽压梯度越大，促进植株蒸腾，土壤蒸发也越强烈，作物需水量随之增大。

风速对作物需水量的影响是通过减小水汽扩散阻力，加快水汽扩散来实现的。根据水汽扩散理论可知，水汽扩散阻力与风速成反比，风速越大，水汽扩散阻力越小，从而促进蒸腾。

此外，气压和日照时数也是影响作物需水量的重要因素。气压影响水分的散布，气压增加，水分散布减慢，因此蒸发蒸腾量也随着减小。日照时间越长，到达地面的辐射热越多，蒸发蒸腾量也就越大[109]。

7.2.2　土壤条件

土壤水分对作物蒸发蒸腾量的影响是比较复杂的。作物蒸发蒸腾包括了土壤表面蒸发(旱地)和作物叶面蒸腾。在蒸发蒸腾的过程中，土壤深层的水分以水汽扩散和毛管水上升的形式向上运动，以补偿土壤上层的失水量。当土壤含水量减少到某一界限值以后，土壤水分运动极为缓慢，由下向上的水分输送量不能补偿蒸发蒸腾量，这时作物生长就会受到不同程度的影响。这个界限值被称为土壤临界含水量。在土壤含水量高于临界含水量时，作物生长状况基本不受水分条件的影响。

土壤的物理性质也对作物蒸发蒸腾量有明显的影响，影响因素主要包括土壤质地及结构、土壤色泽与地表特性、土壤的毛管水输送能力等内在因素。

土壤质地及结构关系到孔隙的数量、体积及其连通性，影响非饱和渗透系数。根据水分在非饱和土壤中运移的情况，各种土壤的非饱和渗透系数从大到小依次为亚砂土、极细砂、细砂；随着土壤颗粒由细变粗，土壤蒸发量也由大变小。土壤色泽影响其吸收太阳辐射，从而影响土壤蒸发[110]。土壤颜色越深，吸收的热量越多，温度越高，蒸发量就越大。有关资料表明，黄土的蒸发量比白土的大 7%，棕土的蒸发量比白土的大 19%，黑土的蒸发量比白土的大 32%。地表的坡向、粗糙程度对蒸发也有影响。坡向阳面、地表粗糙，蒸发量大；反之，则小。

7.2.3　作物生物学特性

对作物需水量产生影响的生物学特性主要是作物的种类、品种和不同生育阶段。

作物的种类不同，其需水量有较大差异。耐旱性强的作物，表面积不发达，叶面积小，表皮角质层发达，叶组织较紧密，气孔小而常下陷，细胞小，保水能力强，蒸腾失水较小，因而，整个作物需水量较小。相反，湿生植物的需水量相对较大。在同样的气象条件下，叶面积指数高、叶片蒸腾强度大，则作物需水量大。

同一种作物的不同品种，需水量也有较大差异。同一品种在不同的生育阶段，需水量也是不一样的。一般来说，作物生长前期需水量较小，中期加大，到生长旺盛期达到最大，到了后期作物需水量开始减小。

7.3　基于PM公式参考作物需水量计算

7.3.1　PM公式概述

农作物需水量是指农作物在适宜的外界环境条件下正常生长发育达到或接近该农作物品种的最高产量水平所消耗的水量。作物需水量的计算方法包括直接法和通过作物系数与参考作物需水量乘积进行计算的间接法，参考作物蒸发蒸腾量是作物需水量计算、区域水分平衡分析、水资源管理的基本参数，同时也是实现智慧灌溉及灌区高效用水的重要基础[111]。

联合国粮食和农业组织（FAO）推荐的FAO-56 PM公式是公认的用于估算参考作物需水量的标准。公式如下：

$$ET_0 = \frac{0.408\Delta(R_n - G) + \gamma\dfrac{900}{T + 273}\mu_2(e_s - e_a)}{\Delta + \gamma(1 + 0.34\mu_2)} \qquad (7-1)$$

式中：ET_0是基于PM公式的参考作物蒸发蒸腾量（mm/d）；R_n是到达地表的净辐射[MJ/（m²·d）]；G是土壤热通量[MJ/（m²·d）]；$e_s - e_a$是饱和水汽压与实际水汽压差（kPa）；T是2 m高处日平均气温（℃）；Δ代表饱和水汽压-温度关系曲线的斜率（kPa/℃）；μ_2是2 m高处的风速（m/s）；γ是湿度计常数（kPa/℃）。

实际作物需水量：

$$ET_c = K_c \times ET_0 \qquad (7-2)$$

式中：ET_c是实际作物蒸发蒸腾量（mm/d）；K_c是作物系数，会随着作物种类和生长阶段而变化。

7.3.2　PM公式不足

作物需水量预报是实现实时灌溉预报的基础，参考作物需水量（ET_0）是反映各种气候条件对作物需水量影响的综合因素，FAO-56 PM公式以能量平衡和水汽扩散理论为基础，不但考虑了作物的生理特征，还考虑了空气动力学参数的变化，具有比较充分的理论依据和较高的计算精度。但是该方法的不足之处在于需要的气象资料较多，在气象资料不全时无法使用，而且部分气象参数检测仪器仪表昂贵，大部分气象站并不具备这样的监测条件，且该公式需要一系列的经验系数和复杂的公式，很多参数需要地区校正，给实际预测带来一定的困难，在需水量预测方面存在缺陷，这大大限制了它的应用和推广[112]。

随着计算机技术的发展和神经网络算法的不断进步，基于神经网络算法预测 ET_0 取得了很大进展；神经网络有很好的模式识别能力和学习能力，可随时依据数据进行自适应学习、训练，得到精度较高的农作物需水量预测，从而揭示农作物的需水量规律，为作物的精准灌溉提供决策依据[113-116]。

7.4 遗传算法优化的神经网络模型

7.4.1 神经网络模型

根据 Kolmogorov 定理，一个三层的前向网络具有对任意精度连续函数的逼近能力。针对农作物需水规律错综复杂的特点，利用 BP 神经网络具有的非线性、高维性、神经元之间的广泛互连性以及自适应性，可建立与作物需水特性相适应的农作物需水预测模型。基于 BP 神经网络农作物需水量预测模型如图 7.1 所示，采用三层神经网络对农作物需水量进行预测[117]。

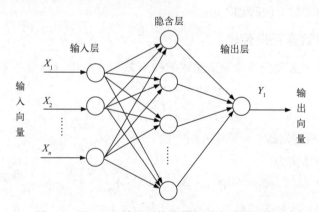

图 7.1   基于 BP 神经网络农作物需水量预测模型

神经网络训练分两个阶段：第一阶段为数据的正向传递，在单独的一个神经元中，数据经输入层，通过隐含层计算最终再到输出层，通过这种方式计算出网络中各神经元节点的输出值；第二阶段为误差的逆向修正过程，该过程主要是计算出网络输出值与期望值之间的误差，如果误差超出规定的范围，那么网络就会根据误差对各个神经元节点的权重值、阈值进行调整，并且从输出层往输入层逐层逆向修改网络中各层神经元节点的连接权重值和阈值。将以上两个步骤完成一次后，若网络的输出误差不满足精度的要求，或没有达到预定的学习次数，那么这两个步骤会重复进行，直到满足要求为止[118]。神经网络训练流程如图 7.2 所示。

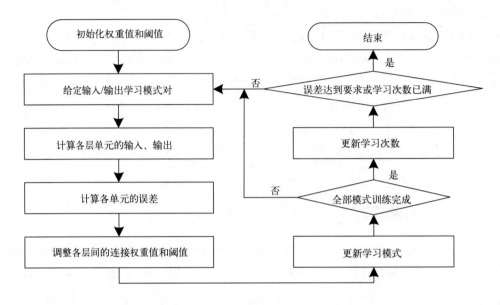

图 7.2　神经网络训练流程

神经网络模型建立流程如下。

7.4.1.1　样本数据正向传递

该阶段模型的主要任务是根据输入的样本数据计算出输出值。假设输入的样本数据为

$$X^k = \{x_1^k, \ x_2^k, \ \cdots, \ x_n^k\} \quad (k = 1, \ 2, \ \cdots, \ \rho) \qquad (7-3)$$

式中：k 是学习模式对数；n 是输入层个数。

样本的期望输出为

$$Y^k = \{y_1^k, \ y_2^k, \ \cdots, \ y_m^k\} \qquad (7-4)$$

式中：m 是输出层神经元个数。

隐含层的激活值为

$$net_j^k = \sum_{i=1}^{n} w_{ji}x_i^k + \theta_i \quad (j = 1, \ 2, \ \cdots, \ l) \qquad (7-5)$$

式中：w_{ji} 是输入层到隐含层间的连接权重值；θ_i 是隐含层神经元的阈值；l 是隐含层神经元个数。

S 型函数通常作为 BP 网络神经元的激活函数，因为 S 函数具备以下特征：①S 函数信号输出方式相似于生物神经元；②S 函数在定义域上为连续且可微分。

网络中隐含层节点输出值为

$$O_j^k = f(net_j^k) = \frac{1}{1 + \mathrm{e}^{-net_j^k}} \qquad (7-6)$$

因此，输出端的实际输出值为

$$\hat{y}^{k_t} = f(net_t^k) = f\left(\sum_{j=1}^{l} T_{tj} O_j^k + \theta_t \right) \quad (t = 1, 2, \cdots, m) \qquad (7-7)$$

式中：T_{tj} 是隐含层与输出层的权重值；θ_t 是输出层阈值。

样本数据正向传递过程中各节点的输入、输出值都可以依据上述公式计算。

7.4.1.2　逆向修正输出误差

当神经网络在正向传播得到的数据与我们所设置的期望值误差不符合时，网络启动逆向修正输出误差的操作。该操作会反复进行，直至满足期望误差。该过程具体步骤为：计算出每个神经元输出的误差；调节该神经单元连接的权重值以及阈值，当输出与期望的误差达到最小时，迭代终止。通常使用误差的平方和作为好坏的标准[119]。当计算到第 k 个样本时，误差的平方和为

$$E^k = \frac{1}{2} \sum_{t=1}^{m} (y_t^k - \hat{y}_t^k)^2 \qquad (7-8)$$

根据计算出的样本数据输出误差的值，修正输出层与隐含层间权重值 T_{tj}、阈值 w_{ij}，逆向修正公式的推导过程如下。

输出节点：

$$\frac{\partial E^k}{\partial T_{tj}} = -(y_t^k - \hat{y}_t^k) f'(net_t^k) O_j^k \qquad (7-9)$$

$$\delta_t^k = -(y_t^k - \hat{y}_t^k) f'(net_t^k) \qquad (7-10)$$

隐含层节点：

$$\frac{\partial E^k}{\partial w_{tj}} = -\sum_{t=1}^{m} \delta_t^k T_{tj} f'(net_t^k) x_i^k \qquad (7-11)$$

$$\delta_j^k = f'(net_j^k) \sum_{t=1}^{m} \delta_t^k T_{tj} \qquad (7-12)$$

因此，各层权重值和阈值的修正计算公式如下：

输出层与隐含层间的权重值修正公式为

$$T_{tj}(h+1) = T_{tj}(h) + n\delta_t^k O_j^k \qquad (7-13)$$

隐含层与输入层间的权重值修正公式为

$$w_{ji}(h+1) = w_{ji}(h) + n\delta_j^k x_i^k \qquad (7-14)$$

输出层阈值修正公式为

$$\theta_t(h+1) = \theta_t(h) + n\delta_t^k \qquad (7-15)$$

隐含层阈值修正公式为

$$\theta_j(h + 1) = \theta_j(h) + n\delta_j^k \qquad\qquad (7 - 16)$$

式中：n 是学习的步长；h 是学习的次数。

通常学习系数为 0.1~0.8 之间的任意数值，训练初期选取较大的学习系数，这样可以避免学习速度加快导致的振荡，在训练的末期，可以逐渐减小学习系数。

7.4.1.3　反复学习记忆

训练神经网络目的是在一定范围内，让网络输出误差达到或者无限接近于极小值，因此网络对于每组样本数据都要反复不断地学习记忆，最终网络才会具备该样本数据集的特征。神经网络的全局误差为

$$E = \sum_{k=1}^{p} E^k = \frac{1}{2} \sum_{k=1}^{p} \sum_{t=1}^{m} (y_t^k - \hat{y}_t^k)^2 \qquad\qquad (7 - 17)$$

该式中的算法为误差逆向传播算法的标准。在 p 个学习模式全部提供给神经网络之后，再对全局误差函数 E 的连接权重值进行调整，这种算法即累积误差逆向传播算法。当学习模式 p 值较小时，该算法的收敛速度快于传统逆向传播算法。算法的学习规则是基于学习模式集合平方误差E^k（或 E）在梯度上的下降。

7.4.2　神经网络的不足

针对农作物需水规律错综复杂的特点，利用 BP 神经网络具有的非线性、高维性、神经元之间的广泛互连性以及自适应性，可建立与作物需水特性相适应的农作物需水预测模型，它的优点在于结构简单、可塑性强、数学意义明确、学习算法步骤分明，但传统神经网络有其自身的缺陷。

7.4.2.1　学习速度慢

BP 算法的学习速度慢，通常需要几万次的迭代甚至更多。主要原因是该算法本质上为梯度下降法，而它所要优化的目标函数又非常复杂，因此，必然会出现"锯齿形现象"，这使得算法低效，存在麻痹现象，由于优化的目标函数很复杂，它必然会在神经元输出接近的情况下，出现一些平坦区，在这些区域内，权重值误差改变很小，使训练过程几乎停顿，为了使网络执行算法，不能用传统的一维搜索法求每次迭代的步长，而必须把步长的更新规则预先赋予网络，这种方法将引起算法低效。

7.4.2.2　易陷入局部极小值

BP 算法可以使权重值收敛到某个值，但并不能保证其为误差平面的全局最小

值，因为采用梯度下降法可能会产生一个局部最小值。这是因为算法所采用的是梯度下降法，训练从某一起始点沿误差函数的斜面逐渐达到误差的最小值，故不同起始点可能导致不同极小值产生，即得不到不同的最优解。如果训练结果未达到预定精度，常常采用多层网络和较多的神经元，以使训练结果进一步提高，但同时也增加了网络的复杂性与训练时间。

7.4.3　神经网络与遗传算法结合

　　神经网络算法的训练过程是在误差梯度下降从而修改权重的原则下进行的，这避免不了陷入局部极小值困境。遗传算法（GA）属于全局优化搜索的算法，这样就可避免陷入局部极小点的困境中。在神经网络与 GA 算法中，神经网络初始权重值和阈值由 GA 算法通过进化得到；通过 GA 算法在样本空间中寻找最优解的能力，从而确定一个适宜的区间；针对 BP 网络收敛速度慢的问题，采用基于数值优化的 Levenberg-Marquardt 算法（以下简写为 LM 算法）来训练 BP 神经网络，可以较原来的梯度下降法提高几十倍速度。LM 算法实际上是梯度下降法和牛顿法的结合。起始时，阻尼因子 mu 取一个很大的数，相当于经典的梯度下降法；随着向最优点的靠近，mu 减小到 0，相当于牛顿法。这样就克服了基本 BP 神经网络收敛速度慢、存在局部极小等问题，这对于快速、精确地预测农作物需水量很有利。通过这种方式搜索出的值满足在全局范围内搜寻极小值或者趋近于极小值的要求。GA-BP 神经网络算法流程如图 7.3 所示。

　　具体工作流程如下。

　　（1）种群规模和遗传代数的设定。设置种群规模为 50，遗传代数为 100。

　　（2）建立编码方案，选择适应度函数。神经网络权重值是实数型，使用二进制编码，有可能因为某些实数权重值不能够近似表达从而使网络训练失败，其本质就是通过离散值来尽量逼近权重值本身，并且使用某些字符串过长的二进制编码将导致遗传算法在训练解时空间过大，这需要占用大量时间才能最终得到最优解，如果太短会使精度不高。因此，本书采用浮点编码。

　　（3）神经网络训练。遗传操作结束后，适应度函数值最大的个体会被选出，因为该个体能够反映出网络最优权重值、阈值的分布情况，最终将该个体染色体中的编码值赋予 BP 神经网络，这个编码值即为神经网络的初始权重值、阈值，再使用 LM 算法来训练神经网络，进而计算出网络的最优解，也是针对神经网络算法容易陷入局部最小值困境所采用的优化算法。

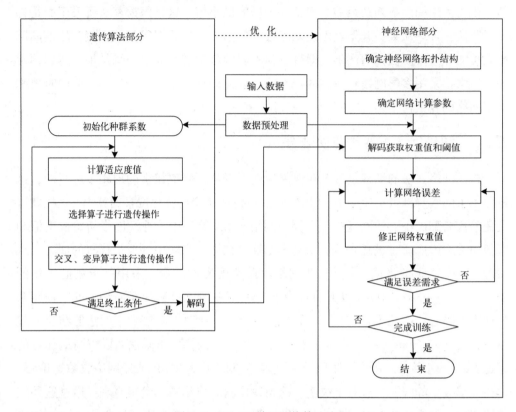

图 7.3　GA-BP 神经网络算法流程

7.5　应用与分析

本试验从灌溉智能化、精细化精准实际需求出发，研究确定便于检测的估算作物蒸发蒸腾量的影响因子，采用自适应学习率方式构建基于 GA-BP 神经网络作物需水预测模型，以 PM 公式计算结果为基准，分析验证基于 GA-BP 神经网络作物需水预测模型性能。

7.5.1　参考作物需水量计算

7.5.1.1　数据来源

根据研究需要，在广州市流溪河灌区管理处试验田上建设农田示范区并安装田间气象站，收集 2018 年 1 月 1 日至 2018 年 12 月 31 日农田示范区的现场实测日最低温度和最高温度、平均风速、平均温度、日照时数、平均相对湿度，逐日气象变化曲线如图 7.4 所示。

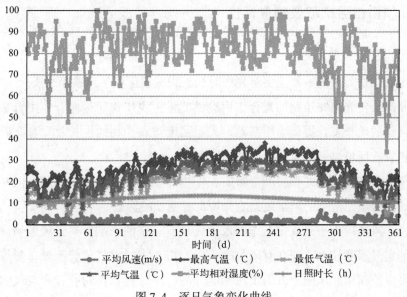

图 7.4　逐日气象变化曲线

7.5.1.2　基于 PM 公式的参考作物需水量计算

鉴于 PM 公式计算精度较高，将 PM 公式计算结果作为基准，将 2018 年 1 月 1 日至 2018 年 12 月 31 日农田示范区逐日气象数据代入 PM 公式中，计算出 2018 年 1 月 1 日至 2018 年 12 月 31 日共计 365 天的参考作物需水量，参考作物蒸发蒸腾量与时间分布关系如图 7.5 所示。

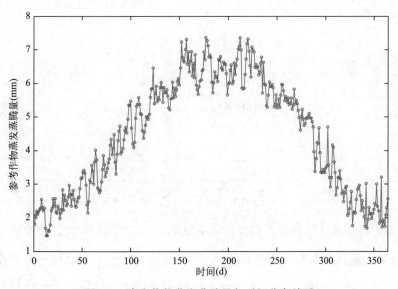

图 7.5　参考作物蒸发蒸腾量与时间分布关系

7.5.2　模型参数选取及精度评价

7.5.2.1　模型参数选取

决定农作物需水量因素主要有光照时长、大气温湿度、风速等因素。

光照时长：光为农作物的光合作用提供能量，农作物通过光合作用合成有机物质，为自身的生长发育提供物质基础。光照强度对农作物的生长及发育有着重要的作用，是农业环境监测不可缺少的环境因素[120]。

大气温湿度：大气的温湿度会影响农作物的新陈代谢和蒸腾作用，同时也会影响土壤的温湿度。适当的温湿度是农作物良好生长的保证。

风速：风速的大小对农田上方的水汽流动有一定的影响。在无风的情况下，农田上方的空气湿度较大，而在有风的晴天，农田上方的空气比较干燥。传统观点认为，风可以使作物和水面上方的水汽梯度升高，同时使农作物叶温和空气温度的温差变大，从而使农作物需水量变大。

因此，选取光照时长、大气温湿度、风速作为农作物需水量预测模型输入量参数。

7.5.2.2　模型精度评价

模型精度评价指标主要包括平均绝对误差（MAE）、均方根误差（RMSE）、相关系数（r），各指标的计算公式如下：

$$MAE = \frac{\sum_{i=1}^{n} |x_i - y_i|}{n} \tag{7-18}$$

$$RMSE = \sqrt{\frac{\sum_{i=1}^{n} (x_i - y_i)^2}{n}} \tag{7-19}$$

$$r = \frac{\sum_{i=1}^{n} (x_i - \bar{x})(y_i - \bar{y})}{\sqrt{\sum_{i=1}^{n} (x_i - \bar{x})^2}\sqrt{\sum_{i=1}^{n} (y_i - \bar{y})^2}} \tag{7-20}$$

式中：x_i是 PM 公式计算参考作物逐日需水量值；y_i是预测模型计算参考作物需水量值；$\bar{x}$是 PM 公式计算参考作物逐日需水量平均值；$\bar{y}$是预测模型计算参考作物需水量平均值；n是样本个数。当相关系数r达到70%以上，可作为正式性预报；当相关系数r小于70%，可用于参考性预报。

7.5.3　神经网络法结果与分析

7.5.3.1　神经网络模型建立

根据试验实际情况，本次所使用的数据样本为试验田现场采集到的 2018 年逐日光照时长 $S(h)$、大气温度 $T(℃)$、大气湿度 $U(\%)$、平均风速 $V(m/s)$ 及 PM 公式计算参考作物逐日需水量 ET_0 共计 365 组相关数据；其中日光照时长 S、大气温度 T、大气湿度 U、平均风速 V 作为预测模型的输入，参考作物逐日需水量 ET_0 作为预测模型输出。采用随机的方法产生训练集和测试集，即将 365 组样本数据按时序打乱排列，并从中随机抽取 320 条作为农作物需水量预测模型训练集，余下 45 条作为预测模型测试集。

神经网络可以逼近非线性函数的关键是要采用 S 型激活函数，通常隐含层中均采用 S 型激活函数，隐含层到输出层的激活函数可以选用 S 型函数或者线性函数，使用 S 型函数时，神经网络的输出落在较小的范围，当采用线性函数时，神经网络的输出落在 $(-\infty, +\infty)$。农作物逐日需水量计算属于非线性关系，而且数据值为非负数，因此本模型在神经网络的输入层到隐含层之间选用 S 型激活函数 logsig，而输出层采用函数 tansig；训练函数 trainlm 采用梯度下降法。模型多次测试后，当模型隐含层神经元节点个数为 4 时，模型运行效果最优。本次在其他参数不变并多次对比试验结果的情况下，将期望误差定为 10^{-5}，最大训练次数为 20 000 次。模型在训练到 20 000 次后停止，用时为 17 s；图 7.6 为基于神经网络（梯度下降法）计算出的需水量与参考作物需水量对比图，其中横坐标为测试样本数据个数，取值范围为 1~45（测试有效样本为 45 个）；纵坐标为参考农作物需水量。从图中可以看出，在 45 个测试样本中，除个别数据外，整体预测较好。模型平均绝对误差为 0.223 48、均方根误差为 0.280 38、相关系数为 0.752 89。

7.5.3.2　基于数值优化的 LM 算法

神经网络虽然得到广泛的应用，但是由于其采用梯度下降训练法，也存在自身的限制和不足，主要表现为训练时间过长，并且容易陷入局部极小值。基于数值优化的 LM 算法是神经网络的改进算法，可以有效提高网络的收敛速度。

LM 算法属于最优化算法，高斯-牛顿（Gauss-Newton）算法在局部收敛上的能力非常优秀，最速下降法在全局特性上的表现非常突出，因此 LM 算法继承了这两种算法的优点。LM 算法公式为

$$\boldsymbol{w}_b(k+1) = w_b(k) - [j^T(k)j(k) + mu\boldsymbol{I}]^{-1}j(k)f[\boldsymbol{w}_b(k)] \qquad (7-21)$$

式中：$\boldsymbol{w}_b$ 是连接权重值、阈值向量；$j(k)$ 是阶可比矩阵；$\boldsymbol{I}$ 是单位矩阵；mu 是阻尼

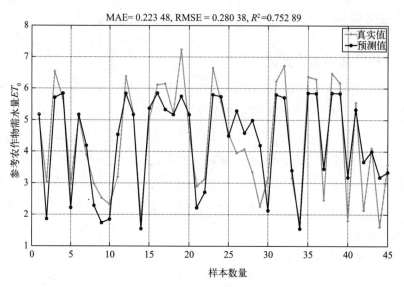

图 7.6　神经网络模型性能评价(梯度下降法)

因子。

　　LM 算法与其他算法相比，其训练速度快，这也就直接增加了收敛的速度，造成这种结果的原因在于，其使用了自适应调整阻尼因子的方式。LM 算法流程如图 7.7 所示。

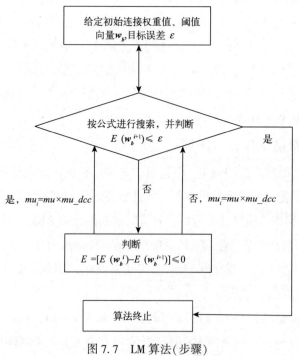

图 7.7　LM 算法(步骤)

采用 LM 算法代替上一节中的梯度下降法作为训练函数建立神经网络模型。

基于 LM 算法预测模型在训练到 14 次后停止，用时小于 1 s；图 7.8 为神经网络（LM 算法）计算出的需水量与参考作物需水量对比图，其中横坐标为测试样本数据个数，取值范围为 1~45（测试有效样本为 45 个）；纵坐标为参考农作物需水量。从图中可以看出，在 45 个测试样本中，除个别数据外，整体预测较好。模型平均绝对误差为 0.223 32、均方根误差为 0.269 77、相关系数为 0.792 23。

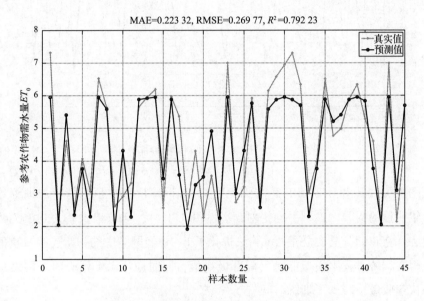

图 7.8　神经网络模型性能评价（LM 算法）

对比图 7.6 和图 7.8，选用梯度下降训练法，模型在训练到 20 000 次后停止，用时为 17 s，LM 算法作为训练方法，模型在训练到 14 次后停止，用时小于 1 s。结果表明，LM 算法比梯度下降法的收敛速度更快。此外，梯度下降法的整体相关系数略低于 LM 算法，但相差不大。

7.5.3.3　基于 GA-BP 神经网络农作物需水量预测模型

本次模型输入层到隐含层之间选用激活函数 tansig，输出层采用函数 purelin，采用 trainlm 作为训练函数；期望误差定为 10^{-5}，最大训练次数为 20 000 次；建立 GA-BP 神经网络模型，设置种群规模为 50，遗传代数为 100。基于 GA-BP 神经网络在训练到 9 次后停止，用时小于 1 s。图 7.9 为 GA-BP 神经网络计算出的需水量与参考作物需水量对比图，其中横坐标为测试样本数据个数，取值范围为 1~45（测试有效样本为 45 个）；纵坐标为参考农作物需水量。

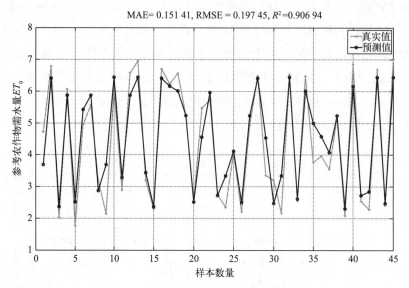

图 7.9　基于 GA-BP 神经网络性能评价

从图中可以看出，GA-BP 算法优化后的 BP 网络模型在预测精度与训练效率上都有了较明显的提升。模型平均绝对误差为 0.151 41、均方根误差为 0.197 45、相关系数为 0.906 94，其实质是 GA 算法优化了 BP 神经网络中的初始连接权重值和阈值，使得在训练过程中模型能跳出局部极小值，同时应用 LM 算法训练网络，可以使网络快速收敛，减少了训练时间。

7.5.4　预测模型比较分析

表 7-1 为各个模型结果对比，从数据中可以看出，GA-BP 模型的相关系数最高，训练用时最短，训练停止时所用次数也最少。

表 7-1　各种模型性能比较

模型	相关系数(%)	训练用时(s)	训练所用次数
BP 模型(梯度下降法)	75.289	17	12 910
BP 模型(LM 算法)	79.233	<1	14
GA-BP 模型	90.694	<1	9

BP 模型(梯度下降法)和 BP 模型(LM 算法)的相关系数大致相同，但 BP 模型(LM 算法)训练法用时少，训练次数少，这说明采用 LM 算法能够有效提高 BP 网络的运行速度，实质是该算法能在短时间内正确调整网络的连接权重值和阈值。

BP 模型(LM 算法)与 GA-BP 模型相比,GA-BP 模型训练用时与 BP 模型(LM 算法)相差不大,其相关系数较高,训练所用次数较少,这说明 GA-BP 算法在相关系数与训练效率上都有了较明显的提升。其实质是 GA 算法优化了 BP 神经网络中的初始连接权重值和阈值,使得在训练过程中模型能跳出局部极小值,而应用 LM 算法训练网络,可以使网络快速收敛,减少了训练时间。

综上所述,需水量预测模型应选取遗传算法优化的神经网络模型(GA-BP 模型)。

第8章 农业痕量灌溉系统应用示范

8.1 系统总体结构

水资源日益紧缺,农业灌溉用水占总用水量比例最高。随着农业智能化的发展,越来越多的农田开始采用灌溉控制系统进行灌溉。传统灌溉控制系统一般仅包括自动灌溉控制器和电磁阀两部分,灌溉控制器只简单执行灌溉策略,多采用有线方式控制电磁阀[121]。随着灌溉规模的扩大,采用有线控制方式不可避免地出现安装困难、维护不便和扩展复杂等弊端。基于以上存在的问题设计开发了物联网农业痕量灌溉系统,该系统可实现采集土壤墒情、管道压力、管道流量等数据和控制灌溉电磁阀的功能,从而实现精准灌溉、适量灌溉、降低水资源损耗、无人值守和灌溉系统自动化控制目的[122]。

物联网农业痕量灌溉系统以广州市科技计划项目(基于物联网的农业痕量灌溉关键技术研究与开发)为例进行介绍。该研究在广州市从化区大坳村(广州市流溪河灌区管理处试验田)建设一处农田示范区,占地面积约 4 亩①,其中实施田间智能节水灌溉工程的农田面积约 1 亩,普通灌溉工程的农田面积约 3 亩。

物联网农业痕量灌溉系统按实现功能可分为节水灌溉管道系统及灌溉决策控制系统。节水灌溉管道系统在农田示范区建设一套灌溉管道系统及其基础配套设施,灌溉决策控制系统则在节水灌溉管道系统的基础上建立一套集研发和应用试验为一体的智能灌溉决策控制系统。其结构示意如图 8.1 所示。

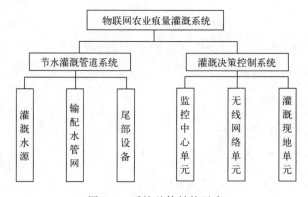

图 8.1 系统总体结构示意

---

① 亩为非法定计量单位,1 亩 ≈ 667 m²。

8.2　节水灌溉管道系统设计

节水灌溉管道系统主要由灌溉水源、输配水管网、尾部设备等组成。

8.2.1　灌溉水源

选取水源是建设农田示范区的必要前提条件，水源主要包括湖泊、河流、水井、水库等，水源应该满足作物在不同生长期内的灌溉用水需求，水质要符合灌溉用水的标准[123]。水源选取应在农田示范区附近，同时水源周围的地理特征应该便于引水，灌溉用水的选择并没有特定的量化标准，一般依靠施工人员的经验综合判断地理特点、地质条件因素，并将水质分析与水量平衡分析相结合才能确定。

根据农田示范区现场情况，系统采用了 2 L/h 的滴带管对农田示范区部署了一套滴灌管网，滴灌带总长 350 m，滴头间距为 0.5 m，整个系统所需流量 Q 为

$$Q = 350/0.5 \times 2 \text{ L/h} = 1\,400 \text{ L/h} = 1.4 \text{ m}^3/\text{h}$$

农田示范区已建有供水设备，供水流量为 1.5 m³/h，能够满足农田示范区整个灌溉管网的灌溉需求。

8.2.2　输配水管网及尾部设备

考虑到未来滴灌系统的全覆盖及现有滴灌区域加密农作物数量等情况，系统采用了直径为 33 mm 的灌溉管道，便于今后扩大供水范围时不用更换灌溉管道。灌溉设计具体如下。

8.2.2.1　地块划分原则

考虑到具体的地形和目前的土块结构，将整个试验田划分为 5 块，尾部设备采用直径为 22 mm 的滴灌管道进入地块。具体地块划分如图 8.2 所示。

8.2.2.2　滴灌管道布局设计图

如图 8.2 所示，滴灌管道从灌溉管道引出，直接引到欲灌溉的地块。示范点的农作物是横向排列，将滴灌管沿着农作物排列方向铺设，一行农作物铺设一根滴灌管，一根滴灌管大概灌溉 35 m 距离。这样的好处在于铺设方便、节省成本、便于除草时移动滴管、便于替换等。

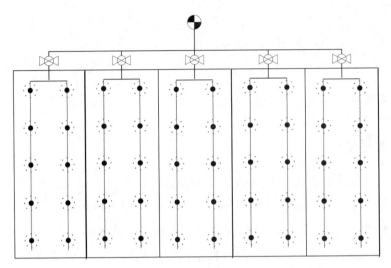

图 8.2 试验田地块划分

8.2.2.3 滴灌管道铺设要求

滴灌管暴露在地表上，要避免土壤堵塞滴头，同时要避免示范区除草施工时误伤滴灌管。

滴灌管与灌溉管道的连接需要在支管相应位置打孔，然后用旁通插进孔中，装上滴灌管，拧紧，之后顺着农作物进行拉伸。在滴灌管的另外一头用堵头堵住滴灌管，防止漏水。滴灌管堵头的安装示意见图 8.3。

图 8.3 滴灌管堵头安装示意

8.2.2.4 管网选材和用量计算

由于广州市从化区海拔高度较低，日照时间较长，且滴灌系统处于室外，因此支管采用 PVC 材质，符合实际需要，也满足国家标准。根据前面分析和地块实际尺寸，需要的管网长度如表 8-1 所示。

表 8-1　管网选材用量表

型号	长度(m)	备注
33 mm 直径灌溉管道	20	连接各个滴灌管道
22 mm 直径滴灌管道	350	5 个区域滴灌管道

农田示范区建成后如图 8.4 所示。

图 8.4　农田示范区

8.3　灌溉决策控制系统设计

灌溉决策控制系统主要由现场监控单元和云端监控中心单元组成。灌溉决策控制系统根据农田土壤墒情、管道流量、农田图像和气象等各类实时信息，对农作物需水信息精准决策分析，并作出灌溉系统的精确水量控制，从而实现灌溉系统的自动化、智能化[124]。

灌溉决策控制系统以农作物为研究载体，实时检测农作物各层土壤含水量、田间微气象信息，无线采集器将土壤墒情传感器所采集到的数据传输到云端监控中心，系统根据作物需水模型制定农作物适时适量精准灌溉策略[125]，控制器在接收到控制命令后，会按照指定的通信协议解析命令帧和数据帧，并完成相应的动作即打开或关闭电磁阀，完成灌水任务，同时向监控中心反馈电磁阀的工作状态。

系统设立一个云端监控中心。无线网关安置于示范田间，田间数据通过无线网关把采集点的数据上传至云端监控中心，气象信息及图像信息通过无线 4G 网络上传到云端监控中心。系统网络拓扑如图 8.5 所示。

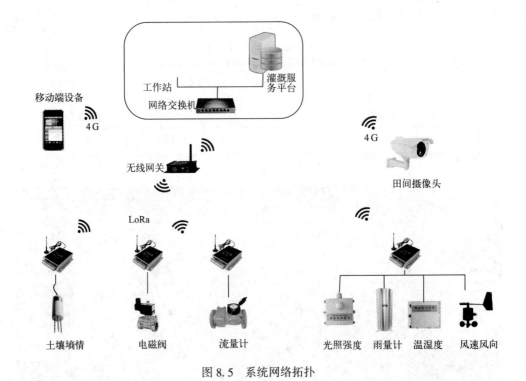

图 8.5　系统网络拓扑

8.3.1　现场监控单元

　　根据研究要求，在示范区建设视频图像监控点 1 处、田间气象信息监测点 1 处、电磁阀控制点 5 处(对应 5 块灌溉农田，每块灌溉农田内安装一个电磁阀控制器)、土壤墒情监测点 5 处、灌溉管道流量监测点 5 处，示范田两侧道路平整，宽 0.6 m。站点具体分布情况如图 8.6 所示。

　　现地监控单元主要由两类监控单元组成：电磁阀控制单元和信息采集单元。

8.3.1.1　电磁阀控制单元

　　电磁阀控制单元由电磁阀控制器、电磁阀和状态反馈组成。电磁阀控制器通过信号线直接控制电磁阀，实现电磁阀启闭控制和状态监测。电磁阀控制器采用光伏太阳能电池供电，基于 LoRa 无线通信方式具有无线通信组网功能，能够支持控制多路脉冲电池阀、接收两路状态反馈，同时可根据需要接入土壤水分、温度、流量和压力传感器(项目中采用控制器与采集器分开方式)，是无线通信的终端节点，在田间采用立杆方式安装，电磁阀控制器可以通过无线网关将电磁阀工作状态上传到云端监控中心管理系统，同时可接收云端监控中心的电磁阀控制指令和参数配置指令[126]。电磁阀控制单元如图 8.7 所示。

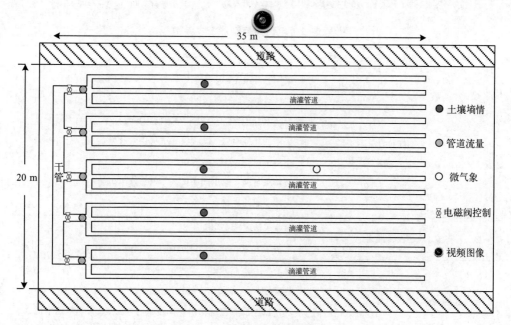

图 8.6　站点具体分布情况

图 8.7　电磁阀控制单元

电磁阀控制器具体技术参数如表 8-2 所示。

表 8-2　电磁阀控制器技术参数

序号	项目	性能参数
1	软件特性	• 采用 LoRaWAN 通信协议 • 串口数据透明传输 • 配合 LoRa 扩频调制技术，通信距离可达 1~10 km • 采用低功耗串口，睡眠模式下可正常收发数据，无须唤醒 • 支持串口升级、无线升级 • 波特率可调、输出功率可调、射频速率可调 • 支持节点间点对点通信
2	硬件特性	• 接收灵敏度-142 dBm • 支持最大 20 dBm 射频功率输出，并在 0~20 dBm 范围内可调
3	接口类型	• 具有"上电"指示灯 • 标准 SMA 天线接口，特性阻抗 50 Ω • 2 个 12 V 受控电源输出，单路额定电流 2 A，总额定电流 3 A，高电平触发通电(可用于正反接供电、对外输出等)
4	供电	• 供电电源：DC 12 V • 供电范围：DC 5~40 V • 静态值守电流：≤13 mA • 工作电流：≤40 mA • 瞬时动作电流：200 mA
5	其他参数	• 工作温度：0~80℃ • 工作湿度：≤80%

8.3.1.2　信息采集单元

信息采集单元主要包括田间图像监控模块、田间微气象模块和土壤墒情监测模块三个部分，信息采集单元示意如图 8.8 所示。

采集单元采用太阳能电池板和锂电池供电，对田间的气象信息(光照强度、风速风向、温湿度、雨量等)、田间视频图像信息、灌溉管道流量信息和田间土壤墒情信息进行采集，其中灌溉管道流量信息、田间土壤墒情信息是通过无线采集器将数据上传到无线网关与云端监控中心管理系统进行通信，它能将监控中心发送来的数据转换成命令，按照云端监控中心的要求工作。

(1)田间图像监控模块。

田间图像监控模块实现对试验田关键部位实现全方位无盲点监控；监控点位采用无线 4G 网络将图片数据集中到云端监控中心单元数据服务器进行数据存储、数

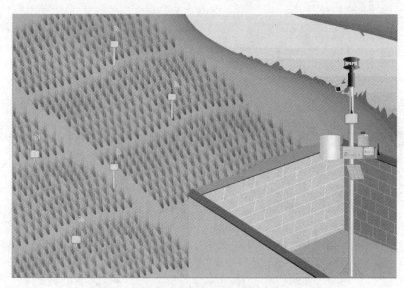

图 8.8　信息采集单元示意

据分析、安全报警、监控农作物生长等。

（2）田间微气象模块。

田间微气象模块通过监测常规的 7 项气象参数因子（风速、风向、雨量、太阳辐射、大气压强、空气温度、空气湿度），自动记录农田环境信息，并通过 4G 无线通信模块远程上报至云端监控中心单元[127]。基于对农田气象信息的监测，云端监控中心单元可以作物需水模型预测出农作物逐日需水量，以便进行高效的、科学的灌溉管理[128]。

综合气象监测站由气象传感器、无线采集器、太阳能供电系统、铝合金安装支架组成。

气象传感器：包括风速传感器、风向传感器、雨量传感器、太阳辐射传感器、空气温湿度传感器、大气压强传感器。

无线采集器：采集气象数据，并通过无线网络发送云端监控中心单元。

太阳能供电系统：包括太阳能电池板、充放电控制器、充电电池组，保证采集系统的能量供给，在持续阴雨天连续工作长达 15 d。田间微气象站如图 8.9 所示。

（3）土壤墒情监测模块。

土壤墒情测量是水资源循环规律研究、农牧业节水灌溉控制和排涝抗旱救灾等信息收集的基础工作。本研究中的土壤墒情监测模块采用一点法安装，同时在表层增加土壤温度监测。模块包括土壤墒情传感器、LoRa 无线采集器、太阳能供电系统等。土壤水分传感器的安装位置要求离滴管带 10 cm，安装位置的选择要有代表性。

图 8.9　田间微气象站实物

其中土壤墒情传感器选用管式墒情监测仪，该传感器具有测量准确性高、工作电压低、多深度动态测量土壤体积含水量的显著优点，同时测量 10 cm、20 cm、30 cm、40 cm 土层的温度和湿度，适用于农田具有代表性土壤的长期不间断监测。管式墒情监测仪安装示意见图 8.10。

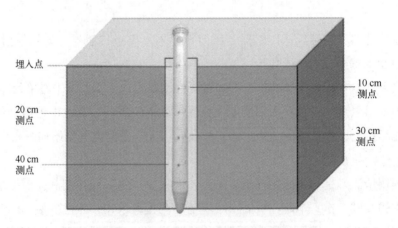

埋入点

20 cm
测点

40 cm
测点

10 cm
测点

30 cm
测点

图 8.10　管式墒情监测仪安装示意

土壤墒情监测模块如图 8.11 所示。

图 8.11 土壤墒情监测模块实物

无线采集器具体技术参数如表 8-3 所示。

表 8-3 无线采集器技术参数

序号	项目	性能参数
1	软件特性	• 采用 LoRaWAN 通信协议 • 串口数据透明传输 • 配合 LoRa 扩频调制技术，通信距离可达 1~10 km • 采用低功耗串口，睡眠模式下可正常收发数据，无须唤醒 • 支持串口升级、无线升级 • 波特率可调、输出功率可调、射频速率可调 • 支持节点间点对点通信
2	硬件特性	• 接收灵敏度-142 dBm • 支持最大 20 dBm 射频功率输出，并在 0~20 dBm 范围内可调 • 数据存储 FLASH16MB

序号	项目	性能参数
3	接口类型	• 1个RS485串口，串口参数如下。 数据位：8位(可选5、6、7位)； 停止位：1位； 校验：无校验(可选偶校验、奇校验)； 串口速率：1 200~460 800 bps； Modbus通信协议 • 具有"上电"指示灯 • 标准SMA天线接口，特性阻抗50 Ω • 具有如下应用接口： 2个模拟量输入接口(16位AD、支持4~20 mA电流信号输入，可选0~5 V电压信号输入)； 1个12 V受控电源，额定电流2 A
4	供电	• 供电电源：DC 12 V • 供电范围：DC 5~40 V • 静态值守电流：≤13 mA • 工作电流：≤80 mA
5	其他参数	• 工作温度：0~80℃ • 工作湿度：≤80%

8.3.2 云端监控中心单元

云端监控中心单元布设一套物联网痕量灌溉系统，物联网痕量灌溉系统利用物联网协同监测技术，实时监测农作物生态环境参数，建立生态、环境参数与需水量关系模型，利用智能决策技术获得农作物生长最佳需水量和灌溉时间，实现对农作物的适时精细灌溉。系统功能模块划分如图8.12所示。

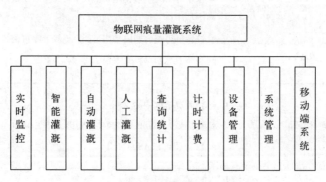

图8.12 物联网痕量灌溉系统功能模块

系统可以将各种资源使用情况进行统计分析，使相关人员及时了解整个系统的相关资源信息，通过统计分析，进行合理使用，从而达到省水节能、省工省地的效果。

8.3.2.1　实时监控

系统以图形用户界面的形式，实时查看 5 个电磁阀控制单元、5 个土壤墒情监测点、5 个水量信息、1 个气象信息监测点(雨量、风速风向、光照、辐射量、温湿度)及 1 个图像监测站点。实时监控界面如图 8.13 所示。

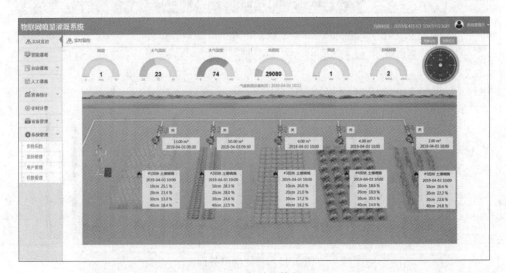

图 8.13　实时监控界面

图像监控界面如图 8.14 所示。

图 8.14　图像监控界面

8.3.2.2 智能灌溉

智能灌溉是系统根据农作物需水预测模型、农作物生长阶段及对应作物系数计算出作物需水量，结合土壤墒情阈值、农作物需水量、田块面积来实现智能灌溉。当系统检测到农作物需要灌溉，系统会自动判断作物灌溉水量、土壤墒情阈值来开启电磁阀。当管道流量计监测到水量达到作物灌溉水量就关闭电磁阀。智能灌溉界面如图 8.15 所示。

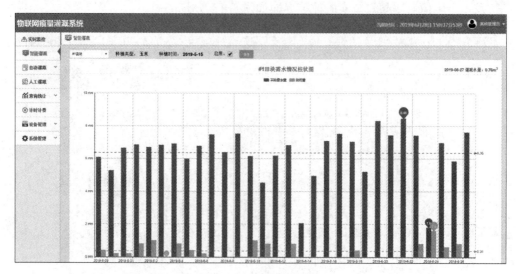

图 8.15　智能灌溉界面

8.3.2.3 自动灌溉

自动灌溉针对农田种植作物固定，在一段时间内执行相同的命令，实现相同的功能下使用，此操作节省人力，使施肥灌溉自动化。在任务子项中可以直观获取当前的灌溉任务，包括测站状态、测站名称、阀门状态、土壤水分、采集时间和任务状态等。在轮灌组子项中将田间种植结构相同的田块设置为同一个轮灌组，并选择已经设置好的灌溉方案。在轮灌方案子项中，可以根据不同农作物设置相适应的灌溉方案。自动灌溉界面如图 8.16 所示。

8.3.2.4 人工灌溉

人工灌溉实现人为手动控制各个阀门进行灌溉的目的。手动模式适用于在灌溉情况较复杂时，通过人为的干预，达到灌溉目的。采用此方式需要有一定的专业技术知识作为支撑，并需要在系统中打开设备操作日志功能。人工灌溉界面如图 8.17 所示。

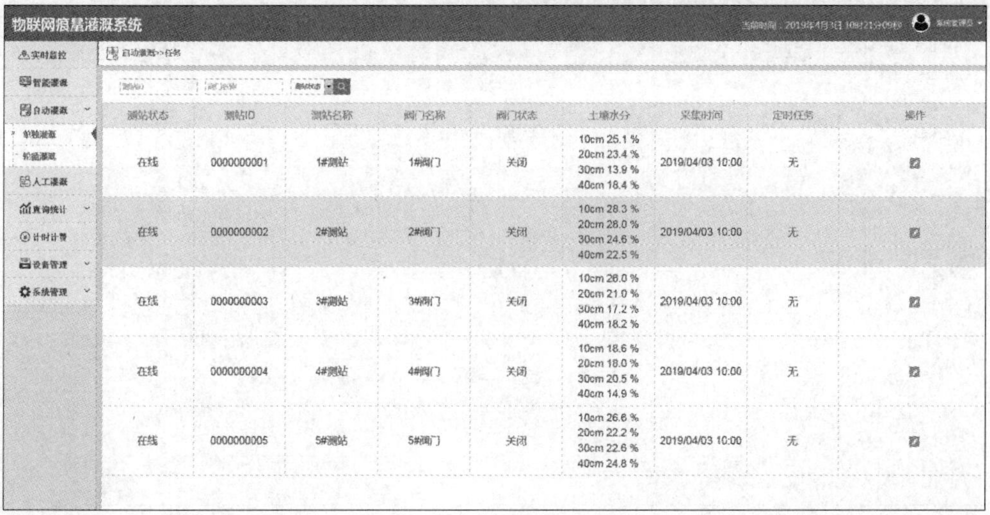

图 8.16　自动灌溉界面

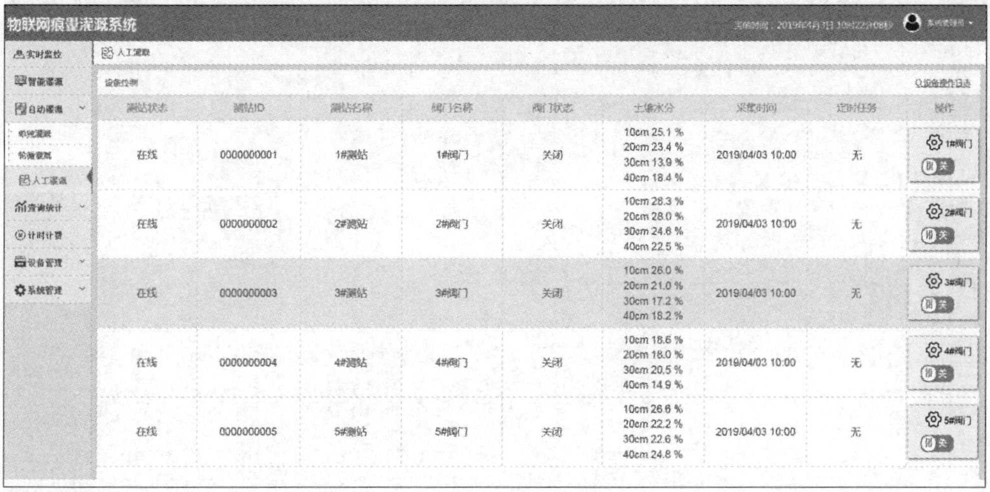

图 8.17　人工灌溉界面

8.3.2.5　查询统计

查询统计模块主要由气象信息与灌溉信息两个子模块构成。气象信息模块可以查询田间微气象站(雨量、风速风向、光照、辐射量、温湿度)的信息,并通过图表形式展示出来。大气温度信息查询统计界面如图 8.18 所示。

灌溉信息模块可以实现查询统计各个监测点用水量、土壤墒情,并通过列表、表格形式展示出来。土壤墒情查询统计界面如图 8.19 所示。

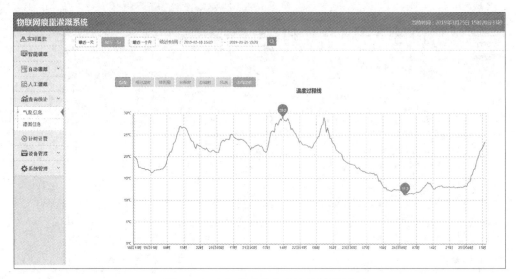

图 8.18 大气温度信息查询统计界面

图 8.19 土壤墒情查询统计界面

8.3.2.6 计时计费

通过计时计费模块,可以选择各个站点、时间段,统计各个站点用水时长、用水量,并可以设置灌溉水单价,实现灌溉用水计时计费功能。计时计费界面如图8.20 所示。

8.3.2.7 设备管理

设备管理模块实现设备新增、删除、编辑等功能。设备管理界面如图 8.21 所示。

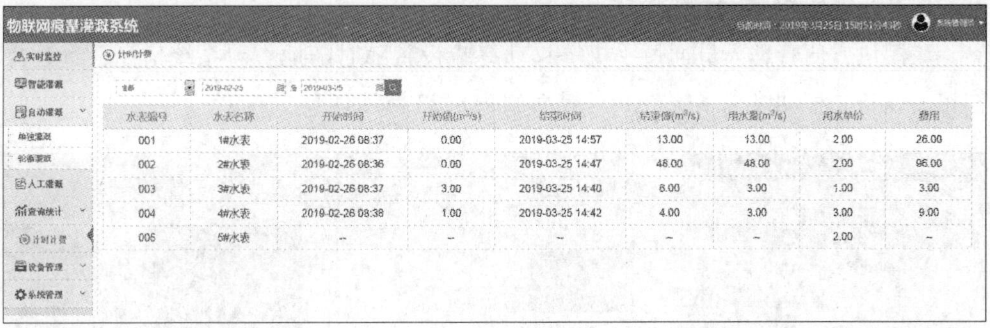

图 8.20 计时计费界面

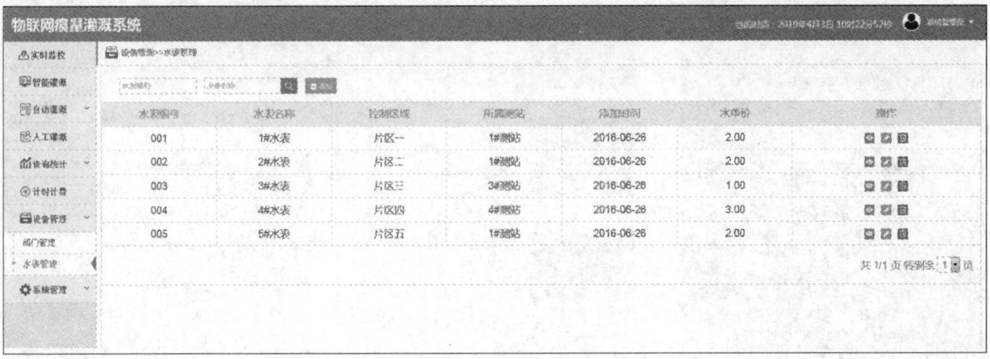

图 8.21 设备管理界面

8.3.2.8 系统管理

该模块包括作物系数、田块管理、用户管理、权限管理等功能，系统可以针对不同用户设置相应的系统操作权限。系统管理界面如图 8.22 所示。

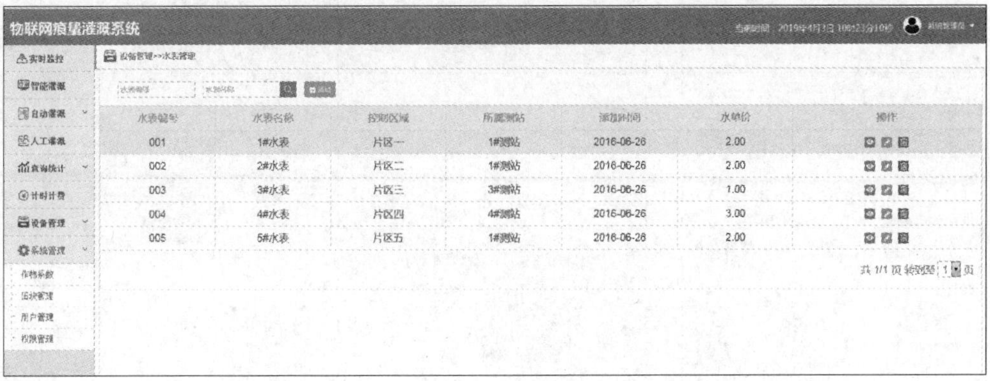

图 8.22 系统管理界面

8.3.2.9 移动终端系统(APP)

该模块方便管理人员通过手机等移动终端设备随时随地查看系统信息，远程操作相关设备。移动终端系统(APP)界面如图8.23所示。

图8.23　移动终端系统(APP)界面

8.4 应用效益分析

8.4.1 作物需水量计算

通过第 7 章作物需水量预测模型预测出参考作物的潜在需水量 ET_0，由公式 $ET = K_c \times ET_0$ 计算出农作物需水量 ET，K_c 是充分供水条件下实际农作物蒸发蒸腾量与参考农作物蒸发蒸腾量的比值，其反映了农作物本身的生物学特性、产量水平、土壤耕作条件等对农作物需水量的影响，会因农作物种植、发育阶段和产量而异，生育初期和末期较小，中期较大。K_c 选用联合国粮食和农业组织推荐的作物系数表的作物系数。通过查阅联合国粮食和农业组织的作物系数表确定广州地区的主要农作物全生育期内的作物系数(表 8-4)。

表 8-4 广州地区的主要作物全生育期内的作物系数

农作物	生长阶段	生长时间(d)	K_c
萝卜	生长期	5	0.7
	发育期	25	0.9
	成熟期	5	0.85
卷心菜	生长期	40	0.7
	发育期	110	1.05
	成熟期	15	0.95
番茄	生长期	30	0.6
	发育期	80	1.15
	成熟期	25	0.8
茄子	生长期	30	0.6
	发育期	80	1.15
	成熟期	20	0.9
菠菜	生长期	20	0.7
	发育期	40	1
	成熟期	5	0.95
玉米	生长期	20	0.3
	发育期	75	1.2
	成熟期	30	0.6

8.4.2 智能灌溉决策

在农业生产的实际条件下，农田土壤含水量通常不能满足作物生长发育的需求或者是土壤含水量与作物生长所需的最适宜含水量不一致，主要表现为土壤含水量过低，不能满足作物生长发育的需求，或者农田土壤含水量过多，也不利于作物的生长。鉴于此类现象时有发生，必须采取一定的措施为作物生长创造良好的土壤环境条件，一般来说，主要是通过灌溉或者排水来调节土壤中的含水量，使其处于适宜作物生长的范围内。因为土壤含水量的过多或过少都不利于作物的生长，因此精确灌溉对土壤含水量进行调节时，主要目标是节水增产。根据作物生理特性及生长发育不同阶段的需水规律，并对农田水量变化的动态过程进行分析研究，以对农田土壤含水量的调控为目标，实现对农作物适时、适量地进行灌溉，提高灌溉水的利用效率。

系统智能灌溉决策模型采用田间水量平衡模型(图8.24)，以农田土壤含水量为研究对象，结合田间土壤墒情、气象信息等完成对土壤含水量的计算，从而确定为满足作物生长所需的灌水量。

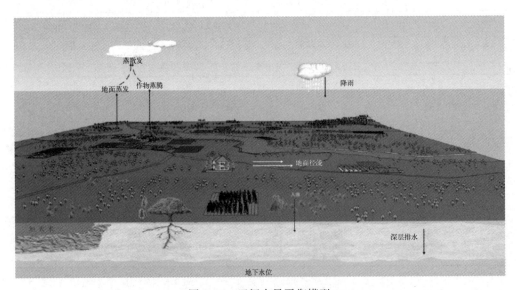

图 8.24　田间水量平衡模型

具体做法如下。

8.4.2.1　农作物含水量设定

在农田布设土壤墒情传感器能够实时读取土壤的水分数据，确定土壤水分变化状况。随着农作物耗水，土壤根系部分的水分不断减少，当土壤水分降低到允许土壤水分下限时，开启灌溉。当实际灌溉水量达到预定的灌溉量，停止灌溉。表8-5

为萝卜农作物土壤含水量上、下限阈值。

表 8-5　农作物含水量上、下限阈值(萝卜)

生育阶段	土壤墒情含水量上限(%)	土壤墒情含水量下限(%)
生长期	70	60
发育期	85	55
成熟期	80	55

8.4.2.2　有效降水量的估算

有效降水量计算以日降水量为准，日降水量小于 5 mm，视为无效降水；日降水量 5~30 mm，利用率为 100%；日降水量 30~50 mm，利用率为 60%；日降水量大于 50 mm，利用率为 30%。

8.4.2.3　农作物灌水量计算

$$M = ET - P - (W_0 - W_s) - W_k + M_1 \qquad (8-1)$$

式中：P 为有效降雨量(mm)；M_1 为首日的农作物灌水量(mm)；土壤计划湿润层取 0.35 m，土壤水利用量 $(W_0 - W_s)$ 经分析计算，田间统一取 1 米³/(亩·日)；随着灌溉水入渗补给，地下水位上升十分缓慢且有限，故地下水补给 $W_k = 0$。

8.4.2.4　智能灌溉决策

以 2019 年 2 月 16—25 日的时段为例，通过农田示范区气象信息并结合预测模型预测出潜在需水量，灌区种植农作物萝卜处于发育期阶段，该阶段萝卜作物系数为 0.9，该片农田面积为 1 亩。通过计算项目区萝卜农作物逐日灌水量如表 8-6 所示。

表 8-6　示范区萝卜农作物逐日灌水量

日期	预测值 (mm)	K_c	真实需水量 (mm)	降雨量 (mm)	有效降雨量 (mm)	土壤水 利用量	灌溉定额 (mm/d)	灌溉量 (m³)
2019-02-16	3.25	0.9	2.93	0	0	1	1.93	1.29
2019-02-17	3.11	0.9	2.80	5.4	5.4	1	0	0
2019-02-18	3	0.9	2.70	1.2	0	1	1.7	1.13
2019-02-19	2.75	0.9	2.48	0	0	1	1.48	0.99
2019-02-20	2.68	0.9	2.41	0	0	1	1.41	0.94
2019-02-21	2.75	0.9	2.48	0	0	1	1.48	0.99
2019-02-22	2.75	0.9	2.48	0	0	1	1.48	0.99
2019-02-23	2.68	0.9	2.41	18.7	18.7	1	0	0
2019-02-24	2.68	0.9	2.41	8.2	8.2	1	0	0
2019-02-25	2.42	0.9	2.18	0.8	0	1	1.18	0.79

由表 8-6 可以看出，根据农田示范区气候数据及预测模型，可以预测出逐日农作物需水量；根据水量平衡原理，可以确定灌溉管理制度，何时需要灌水、每次灌水持续时间和间隔多长时间进行灌溉；结合开启/关闭田间电磁阀、管路监测，能够达到智能精细灌溉管理及决策应用。

8.4.3　效益对比分析

农田示范区除了实施农业痕量灌溉系统的农田面积为 1 亩外，普通灌溉工程的面积约为 3 亩。考虑效益分摊等影响因素，为便于比较，针对项目实施农业痕量灌溉后效益情况与普通灌溉工程效益情况进行分析研究，对比结果见表 8-7。

表 8-7　农业痕量灌溉前后效益情况对比

项目	普通灌溉工程	农业痕量灌溉工程	同比分析
作物产量	865 kg	1 042.6 kg	增产 20.53%
劳动力	12 个	6 个	节省 50%
用水量	600 m³	<400 m³	节水 33%

8.4.3.1　增产效益

通过对典型田块的萝卜农作物跟踪记录及对比分析，普通灌溉工程年亩产量为 865 kg，实施农业痕量灌溉后与普通灌溉工程相比，年亩增产 177.6 kg，年亩产量达到 1 042.6 kg。萝卜综合价格按 2.2 元/kg 计，普通灌溉工程年收益为 1 903 元/亩，农业痕量灌溉年收益为 2 293.72 元/亩，年增产效益为 390.72 元/亩。

8.4.3.2　省工效益

农业痕量灌溉工程实施后，大大降低了灌水劳动强度，节省了大量劳动力。根据典型田块调查统计数据分析，普通灌溉工程需要劳动力为 12 个/亩，示范区实施农业痕量灌溉后只需劳动力为 6 个/亩，与普通灌溉工程相比，实施农业痕量灌溉后，年省工 6 个/亩，每个劳动力按 150 元计算，农业痕量灌溉年省工效益为 900 元/亩，比普通灌溉工程节约人力成本投入 50% 以上。

8.4.3.3　节水效益

根据对典型田块调查数据分析，农业痕量灌溉工程运行后农田灌溉亩均用水量小于 400 m³，和普通灌溉工程相比，每亩约节水 200 m³，农田灌溉亩均用水量降低 30% 以上。

参考文献

[1] 彭世彰, 纪仁婧, 杨士红, 等. 节水型生态灌区建设与展望[J]. 水利水电科技进展, 2014, 34 (1): 1-7.

[2] 中华人民共和国水利部. 中国水资源公报 2019[M]. 北京: 中国水利水电出版社, 2020.

[3] 季仁保. 我国灌区生态环境的探索与评价建议[J]. 水利发展研究, 2005(10): 22-26, 33.

[4] 张明生, 王丰, 张国平. 中国农业用水存在的问题及节水对策[J]. 农业工程学报, 2005(S1): 1-6.

[5] 谢崇宝. 灌区用水管理信息化结构体系[M]. 北京: 中国水利水电出版社, 2010.

[6] 田运. 大田智能灌溉系统的协同控制与优化[D]. 上海: 东华大学, 2018.

[7] 吕振宇, 牛灵安, 郝晋珉, 等. 中国农业生态环境面临的问题与改善对策[J]. 中国农学通报, 2009, 25(4): 218-224.

[8] 高建新. 新型节水灌溉自动化控制系统应用[J]. 现代农业科技, 2020(12): 188-189.

[9] 马晓萍. 农田水利节水灌溉技术措施关键思路分析[J]. 建材与装饰, 2020(17): 293, 296.

[10] 李仰斌, 刘俊萍. 中国节水灌溉装备与技术发展展望[J/OL]. 排灌机械工程学报, 2020, 38 (7): 738-742[2020-06-23]. http://kns.cnki.net/kcms/detail/32.1814.TH.20200608.0922.002. html.

[11] 张虎. 高效节水灌溉技术在农田水利工程中的应用[J]. 农业与技术, 2020, 40(9): 61-62.

[12] 侯真, 于发达, 江云霞. 节水灌溉水利工程施工技术[J]. 居舍, 2020(13): 25.

[13] 韩团军. 基于 WiFi 与 ZigBee 的山区农田环境监测系统研究[J]. 现代电子技术, 2019, 42(2): 14-17.

[14] 李小平, 王学, 孙艳春. 基于物联网的农田环境监测系统设计[J]. 农业工程, 2018, 8(10): 19-23.

[15] 徐识溥, 刘勇, 李双喜, 等. 基于农业物联网的农田土壤环境监测系统的研究与设计[J]. 中国农学通报, 2018, 34(23): 145-150.

[16] 刘映江. 基于 LoRaWAN 物联网技术的农田环境监测系统的设计[D]. 成都: 西南石油大学, 2018.

[17] 蔡绍堂, 麻硕琪, 乐英高, 等. 一种农田环境远程监测系统设计与实现方法[J]. 四川理工学院学报(自然科学版), 2018, 31(2): 69-74.

[18] 牛浩然. 物联网传感技术在农田生态环境监测中的应用[J]. 现代农村科技, 2018(3): 93.

[19] 肖令禄, 王泽宇. 基于无线传感器网络的农田环境监测系统设计[J]. 河南科学, 2017, 35 (10): 1574-1581.

[20] 李颖姝. 基于云平台的农田环境无线监测系统研究与设计[J]. 数字技术与应用, 2016(11): 140-141.

[21] 于婷婷, 朱龙图, 闫荆, 等. 农田环境信息采集与远程监测系统[J]. 中国农机化学报, 2016, 37(6): 220-225.

[22] 张慧颖. 基于 ZigBee 和 3G 技术的农田环境监测系统设计[J]. 江苏农业科学, 2015, 43(10): 487-490.

[23] 林兰芬, 王瑞松, 于鹏华. 基于 GIS 的农田小气候环境可视监测系统[J]. 农业机械学报, 2015, 46(3): 254-260.

[24] 刘媛媛, 朱路, 黄德昌. 基于 GPRS 与无线传感器网络的农田环境监测系统设计[J]. 农机化研究, 2013, 35(7): 229-232.

[25] 尹厚淳, 崔禾磊, 於志文, 等. 面向协同感知的任务分配方法[J]. 软件导刊, 2020, 19(4): 14-22.

[26] 丘晓平, 黄小兵. 基于天地一体化 3C 融合系统的协同计算技术与应用[J]. 现代计算机(专业版), 2016(32): 40-44.

[27] 孟凡治, 张春瑞, 李桐, 等. 基于协同感知的传感器网络调度算法[J]. 计算机仿真, 2015, 32(2): 315-319,346.

[28] 李燕. 无线传感器网络协同感知应用的牵制控制问题研究[J]. 天水师范学院学报, 2014, 34(2): 34-36,57.

[29] 李保罡, 刘元安, 刘凯明. 认知无线网络按需协同感知和信道分配[J]. 通信学报, 2011, 32(11): 104-110.

[30] 陈光柱, 罗成名, 张蕾. 链式无线传感器网络移动目标二元协同感知策略[J]. 仪器仪表学报, 2011, 32(6): 1225-1231.

[31] 张超, 黄友锐, 陈珍萍. 一种低能耗多跳无线传感器网络时间同步算法[J]. 计算机应用与软件, 2020, 37(5): 102-107.

[32] 张超. 基于分簇的多跳无线传感网络时间同步算法[J]. 无线互联科技, 2020, 17(8): 7-8.

[33] 张超. 无线传感器网络时间同步技术进展[J]. 重庆工商大学学报(自然科学版), 2019, 36(6): 88-94.

[34] 顾仁财, 刘飞. 自适应 Kalman 滤波的战术数据链自主时间同步算法[J]. 火力与指挥控制, 2019, 44(2): 76-79.

[35] 廖启蒙. 基于源时钟频率矫正的无线传感器网络时钟同步算法在多跳点的仿真[J]. 通信电源技术, 2018, 35(9): 79-81.

[36] BOSCAINO V, CIPRIANI G, DI DIO V, et al. Effects of post-filtering in grid-synchronization algorithms under grid faults[J]. Electric Power System Reasearch, 2018, 161: 167-176.

[37] NAVEEN A A S, PRAMOD K M, VINOD A P. Efficient cross-correlation algorithm and architecture for robust synchronization in frame-based communication systems[J]. Circuits Systems and Signal Processing, 2018, 37(4): 2548-2573.

[38] RENK X, LI X, HUANG T Y, et al. A time and frequency synchronization method for CO-OFDM based on CMA equalizers[J]. Optics Communications, 2018, 416: 166-171.

[39] 冯之文, 姚尧, 苗艳, 等. 基于时延补偿的 AUV 领航跟随编队控制[J]. 舰船电子对抗, 2020, 43(1): 29-36.

[40] 蒋璐璐, 杜锋, 唐银清, 等. 一种 NPCCS 的时延补偿与控制方法[J]. 海南大学学报(自然科学版), 2018, 36(4): 317-323.

[41] 雷珍珠, 徐浪, 申滨, 等. 基于时延补偿的小小区多跳空口同步[J]. 电讯技术, 2018, 58(3): 306-312.

[42] 张峰, 黄继勋, 王颂邦. 基于拉格朗日插值的光纤陀螺时延补偿方法[J]. 中国惯性技术学报, 2017, 25(5): 676-680.

[43] 黄可望, 刘婷, 潘丰. 基于时延预测模型的网络补偿控制器设计[J]. 计算机应用研究, 2018, 35(9): 2720-2724, 2728.

[44] 时维国, 卢小永, 邵诚. 基于 RBF 神经网络的变采样周期时延补偿策略[J]. 微电子学与计算机, 2017, 34(2): 48-52,57.

[45] 李伟, 任秀丽. 基于数据相似度的无线传感器网络节点休眠调度策略[J]. 传感技术学报, 2019, 32(12): 1881-1888.

[46] 曹祥风. NB-IoT 资源调度技术以及优化策略[J]. 电子技术与软件工程, 2018(16): 10.

[47] 王汝言, 周静, 吴大鹏. C-RAN 回传网络中下行资源调度策略[J]. 工程科学学报, 2018, 40(5): 629-638.

[48] 郑旭, 李建中, 赵旭. 无线网络链路传输调度策略研究综述[J]. 智能计算机与应用, 2017, 7(6): 1-4,8.

[49] 余学帆, 王宏志, 姚美琴, 等. 改进 LEACH 分簇路由算法[J]. 长春工业大学学报, 2020, 41(1): 43-46.

[50] 武晓军, 陈怡丹, 赵青杉. WSN 间歇性能量均衡分簇算法的研究[J]. 忻州师范学院学报, 2019, 35(2): 32-38.

[51] 田纪尧, 刘广钟. WSN 中基于多因素的能量优化分簇路由算法[J]. 计算机工程, 2020, 46(1): 179-186.

[52] 王康, 邬春学. 基于繁忙因子的 WSN 自适应双簇头分簇算法研究[J]. 电子科技, 2019, 32(2): 56-60,65.

[53] 魏鑫, 周世杰, 彭牧, 等. 无线传感器网络上考虑能量因子的 LEACH 算法[J]. 智能计算机与应用, 2019, 9(1): 31-35.

[54] 马威风, 陈桂芬. 能量均衡的无线传感器网络多跳非均匀分簇算法[J]. 信息技术与网络安全, 2018, 37(3): 100-104.

[55] 田晔非, 王林泓. 考虑剩余能量和通信代价的传感器网络路由算法[J]. 南京理工大学学报, 2018, 42(1): 96-101.

[56] 王海涛, 陈艳丽, 刘琼, 等. 基于能量优化的无线传感器网络分簇路由算法研究[J]. 福建电

脑, 2018, 34(2): 7-8,85.

[57] 韩广辉, 张丽翠. 基于 LEACH 协议的无线传感网能效分簇算法[J]. 吉林大学学报(信息科学版), 2017, 35(1): 26-31.

[58] 石闪, 施伟斌. 基于 LEACH 的非均匀分簇协议的改进[J]. 数据通信, 2016(6): 22-24,32.

[59] 余建迪, 朱翔, 陈培基, 等. 一种能耗平衡和密度感知的无线传感器网络分簇算法[J]. 电子设计工程, 2016, 24(21): 115-117.

[60] 高园, 莫腾飞, 何武全, 等. 灌溉管网调压池布置与管径同步优化研究[J]. 灌溉排水学报, 2020, 39(3): 72-78.

[61] 范兴业, 马孝义, 张建兴, 等. 灌溉管网优化设计方法与软件的研究进展[J]. 中国农村水利水电, 2007(2): 19-23.

[62] 侯依然, 上官林建, 侯泽林, 等. 基于遗传算法的灌溉管网同步优化研究[J]. 华北水利水电大学学报(自然科学版), 2020, 41(1): 52-57.

[63] 马雪琴. 灌溉管网优化设计方法研究进展[J]. 科技风, 2018(20): 215-216.

[64] 李援农, 朱锋. 基于最大控制面积和最低费用的微灌小区管网优化[J]. 农业工程学报, 2015, 31(23): 80-87.

[65] 王昕, 马海燕, 张禾, 等. 规模化管道输水灌溉管网优化模型研究与应用[J]. 节水灌溉, 2015(10): 87-89.

[66] 朱成立, 谢志远, 柳智鹏. 基于蚁群算法的灌溉管网布置与管径优化设计研究[J]. 江西农业学报, 2015, 27(3): 93-96.

[67] 刘雪侠, 余鲁江. 基于遗传算法的灌溉管网优化设计[J]. 陕西水利, 2014(5): 163-165.

[68] 谢志远, 朱成立, 卢婷. 基于计算机辅助系统的灌溉管网设计原则的研究[J]. 电子测试, 2014(10): 18-20.

[69] 邱金亮, 王静, 左传英, 等. 基于组合遗传算法的树状管网整体优化设计模型[J]. 中国农村水利水电, 2013(9): 26-28,32,36.

[70] 刘大庆. 农田输配水管网的优化设计[J]. 陕西水利, 2011(4): 89-91.

[71] 杨建军, 战红, 丁玉成, 等. 树状灌溉管网优化的整数编码改进遗传算法[J]. 安徽农业科学, 2010, 38(11): 5885-5886,5890.

[72] 杨建军, 丁玉成, 赵万华. 基于环路和改进遗传算法的树状灌溉管网优化[J]. 农机化研究, 2010, 32(3): 37-40.

[73] 韦忠良, 崔斌. 基于管径的管道输水灌溉管网优化设计[J]. 安徽农业科学, 2009, 37(25): 12195-12196.

[74] 许海涛, 仵峰, 宰松梅. 灌溉管网优化设计研究进展[J]. 节水灌溉, 2009(6): 16-20.

[75] 马孝义, 范兴业, 赵文举, 等. 基于整数编码遗传算法的树状灌溉管网优化设计方法[J]. 水利学报, 2008(3): 373-379.

[76] 范兴业, 马孝义, 康银红, 等. 树状灌溉管网两级遗传优化设计[J]. 人民黄河, 2007(6): 41-43.

[77] 付玉娟，蔡焕杰，王健. 轮灌条件下的灌溉管网优化设计[J]. 农业机械学报，2007(4)：47-49.

[78] 李爱传，桑艺宁，刘烜骥. 基于无线传输的寒地水稻节水灌溉自动控制平台设计[J]. 黑龙江八一农垦大学学报，2019，31(6)：85-90.

[79] 林楚婷，余冰纯，高鹏，等. 基于单片机的智能节水灌溉控制器设计[J]. 电子技术与软件工程，2019(15)：233-235.

[80] 封居强，杨伟虎，伍龙. 智能精细化灌溉自控系统的设计[J]. 九江学院学报(自然科学版)，2019，34(1)：53-56.

[81] 张阳阳，温宗周，李璐，等. 基于STM32的智能灌溉控制器设计[J]. 南方农机，2018，49(20)：114.

[82] 方正，徐晓辉，苏彦莽，等. 农田节水灌溉计量控制系统的研究[J]. 江苏农业科学，2018，46(2)：173-175.

[83] 林方超. 基于GSM短信的远程农田灌溉控制器研发[J]. 农技服务，2017，34(18)：1-2.

[84] 蔚磊磊，魏正英，张育斌，等. 基于模型设计的水肥灌溉控制器快速开发[J]. 节水灌溉，2017(7)：124-129.

[85] 钱春阳，王建春，吕雄杰. 基于植物全生育期的精量智能灌溉控制器设计[J]. 节水灌溉，2016(11)：115-117.

[86] 王明飞，郑文刚，田宏武，等. 低功耗实时唤醒式无线灌溉控制器的设计与实现[J]. 农机化研究，2016，38(1)：113-118.

[87] 陈燕鹏，刘祖明，杨康，等. 一种智能灌溉控制器的研究与设计[J]. 安徽农业科学，2015，43(20)：359-361,382.

[88] 王明飞，郑文刚，田宏武，等. 基于SI4463的太阳能无线灌溉控制器[J]. 农机化研究，2015，37(6)：204-207,212.

[89] 林耀忠. 基于单片机的节水灌溉自动控制器的设计[J]. 电子制作，2015(5)：18-19.

[90] 曹继忠. 基于无线传感器网络的园林自动节水灌溉系统[J]. 电脑知识与技术，2012，8(5)：1168-1170,1175.

[91] 王小珂，李兵，申长军，等. 基于Wi-Fi的自动灌溉控制器设计与实现[J]. 中国农村水利水电，2011(12)：46-49,54.

[92] 刘晓初，姚莉，巫华龙，等. 灌溉控制器探头结构及传感性能实验研究[J]. 广州大学学报(自然科学版)，2011，10(4)：59-63.

[93] 戴欣平. 基于土壤墒情的节水灌溉控制器研制[J]. 金华职业技术学院学报，2010，10(6)：46-50.

[94] 张兵，袁寿其，成立，等. 节水灌溉自动控制器的设计与研究[J]. 中国农村水利水电，2004(1)：35-37.

[95] 毛慎建，张文革，许一飞. 智能化灌溉控制器[J]. 北京农业工程大学学报，1995(1)：92-96.

[96] PENMAN H L. Natural evaporation from open water, bare soil and grass[J]. Proceedings of the Roy-

al Society of London, 1948, A193:120-146.

[97] PENMAN H L. The physical basis of irrigation control[R]. Rep 13th Int. Hort Cong, 1953: 913-923.

[98] MONTEITH J L. Evaporation and environment[J]. Symp. Soc. Exp. Biol, 1965, 19:205-234.

[99] KUMAR M, RAGHUWANSHI N S, SINGH R, et al. Estimating evapotranspiration using artificial neural network [J]. Journal of Irrigation and Drainage Engineering, 2002, 128(4):224-233.

[100] BIJIU A G, REDDY B R S, RAGHUWANSHI N S , et al. Decision support system for estimating reference evapotranspiration [J]. Journal of Irrigation and Drainage Engineering, 2002, 128(1): 1-10.

[101] SUDHEER K P, GOSAIN A K, RAMASASTRI K S. Estimating actual evapotranspiration from limited climatic data using neural computing technique [J]. Journal of Irrigation and Drainage Engineering, 2003, 129(3):214-218.

[102] 康绍忠,熊运章,刘晓明. 用彭曼-蒙特斯模式估算作物蒸腾量的研究[J]. 西北农业大学学报,1991,19(1):13-20.

[103] 邝智,李远华,李会昌. 逐日作物需水量预测数学模型研究[J]. 武汉水利电力大学学报,1995,28(3):253-259.

[104] 吕学都,陶毓汾,赵聚宝,等. 冬小麦蒸发和蒸腾的计算方法[J]. 中国农业气象,1992,13(1):22-23.

[105] 谢贤群,吴凯. 麦田蒸腾需水量的计算模式[J]. 地理学报,1997,52(6):528-535.

[106] 王志良,邱林,梁川,等. 作物需水量与气温关系的模糊回归分析[J]. 华北水利水电学院学报, 2001,22(4):4-6.

[107] 江显群,陈武奋,邵金龙. 基于公共天气预报的参考作物腾发量预报研究[J]. 排灌机械工程学报, 2019,37(12):1077-1081.

[108] 田景环,刘法贵,邱林. 作物需水量与气温关系的静态灰色模型[J]. 华北水利水电学院学报, 2002, 23(3): 1-3.

[109] 王志良,邱林,梁川,等. 作物需水量与气温关系的模糊回归分析[J]. 华北水利水电学院学报,2001, 22(4): 4-6.

[110] 郭晓玲. 作物需水量预测模型研究及其在灌溉管理信息系统中的应用[D]. 武汉:华中科技大学, 2007.

[111] 赵永, 蔡焕杰, 张朝勇. 非充分灌溉研究现状及存在问题[J]. 中国农村水利水电, 2004(4): 1-4.

[112] 刘绍民, 孙中平, 李小文, 等. 蒸散量测定与估算方法的对比研究[J]. 自然资源学报, 2003 (2): 161-167.

[113] 聂振平, 汤波. 作物蒸发蒸腾量测定与估算方法综述[J]. 安徽农学通报, 2007(2): 54-56.

[114] WRIGHT J L. New evapotranspiration crop coefficients[J]. J. Irrig. and Drain. Div. , 1982, 108 (IR2): 57-74.

[115] 刘玉春, 姜红安, 李存东, 等. 河北省棉花灌溉需水量与灌溉需求指数分析[J]. 农业工程学报, 2013, 29(19): 98-104.

[116] 齐述华, 李子忠, 王长耀. 棉花作物系数的遥感获取——以新疆石河子棉花垦区为例[J]. 中国农业大学学报, 2007(3): 19-24.

[117] DOORENBOS J, PRUITT W O . Crop water requi rements[R]. Rome: FAO, 1977.

[118] 康绍忠. 计算与预报农田蒸散量的数学模型研究[J]. 西北农林科技大学学报(自然科学版), 1986(1): 90-101.

[119] 茆智, 李远华, 李会昌. 实时灌溉预报[J]. 中国工程科学, 2002(5): 24-33.

[120] AIEXANDRIS S, KERKIDS P. New empirical formula for hourlyestimations of reference evapotranspiration [J]. Agricultural Water Management, 2003, 60(3): 157-180.

[121] 康绍忠, 蔡焕杰. 农业水管理学[M]. 北京: 中国农业出版社, 1996.

[122] 张怡飞. 农业节水灌溉中自动化技术的应用研究[J]. 农业技术与装备, 2019(1): 17-18, 21.

[123] 高春甫, 郑强, 马红波, 等. 基于PLC的智能农田灌溉系统设计[J]. 机电工程技术, 2017, 46(10): 28-30.

[124] 易勇帆, 汤中山, 杨昌铸, 等. 基于PLC的灌溉系统的应用与研究[J]. 工业控制计算机, 2017, 30(3): 113-114.

[125] 江显群, 陈武奋, 叶廷东, 等. 基于物联网的农业痕量灌溉系统[J]. 自动化与信息工程, 2019, 40(1): 21-24, 29.

[126] 彭汉莹, 王宇, 韩改宁, 等. 基于单片机的智能灌溉系统设计[J]. 软件工程, 2017, 20(2): 40-43.

[127] 滕敦波. 基于单片机控制的智能灌溉系统硬件模块研究[J]. 南方农机, 2016, 47(5): 54, 61.

[128] 王延年, 谢福来, 向秋丽. 基于综合气象信息的小麦智能灌溉系统设计[J]. 国外电子测量技术, 2019, 38(4): 93-97.

缩　略　语

英文简称	英文全称	中文全称
RS	Remote Sensing	遥感
GIS	Geographic Information System	地理信息系统
GPS	Global Positioning System	全球定位系统
WSN	Wireless Sensor Networks	无线传感器网络
LEACH	Low Energy Adaptive Clustering Hierarchy	低功耗自适应集簇分层型协议
WiFi	Wireless Fidelity	无线上网
LoRa	Long Range Radio	远距离无线电
NB-IOT	Narrow Band Internet of Things	窄带物联网
CDMA	Code Division Multiple Access	码分多址
TDMA	Time Division Multiple Access	时分多址
LPWAN	Low-Power Wide-Area Network	低功耗广域网
FHSS	Frequency-Hopping Spread Spectrum	跳频扩谱
UNB	Ultra Narrow Band	超窄带
BPSK	Binary Phase-Shift Keying	二进制相移键控
GFSK	Gauss Frequency Shift Keying	高斯频移键控
CLAA	China LoRa Application Alliance	中国 LoRa 应用联盟
FSK	Frequency-Shift Keying	频移键控
GPRS	General Packet Radio Service	通用分组无线服务技术
DOC	Digital-Controlled Oscillator	数控振荡器
MAC	Medium Access Control	介质访问控制
CSCW	Computer Supported Cooperative Work	计算机支持协同工作
RBS	Reference Broadcast Synchronization	参考广播同步
TPSN	Timing-sync Protocol for Sensor Networks	传感器网络定时同步协议
NTP	Network Time Protocol	网络时间协议
DMTS	Delay Measurement Time Synchronization	延迟测量时间同步

英文简称	英文全称	中文全称
FTSP	Flooding Time Synchronization Protocol	洪泛时间同步协议
RTT	Round Trip Tune	往返时延
TCP	Transmission Control Protocol	传输控制协议
RFID	Radio Frequency Identification	射频识别
FCFS	First Come First Served	先到先服务
PQ	Priority Queue	优先级调度
QoS	Quality of Service	服务质量
WRR	Weighted Round Robin	加权循环调度法
IWRR	Improved Weighted Round Robin	改进的加权循环调度法
MEMS	Micro-Electro-Mechanical System	微机电系统
SPIN	Sensor Protocols for Information via Negotiation	信息协商传感器协议
DD	Data Distribution	数据分发
HEED	A Hybrid, Energy-Efficient Distributed clustering approach	一种使用固定簇半径的分簇协议
TEEN	threshold sensitive energy efficient sensor network protocol	阈值敏感的高能效传感器网络协议
PEGASIS	Power-Efficient GAthering in Sensor Information Systems	传感器信息系统中的节能采集协议
GAF	Geographical Adaptive Fidelity	地域自适应保真算法
GEAR	Geographical and Energy-Aware Routing	地理位置感知路由
GPSR	Greedy Perimeter Stateless Routing	贪婪周边无状态路由
RSSI	Received Signal Strength Indicator	接收信号强度指示器
SPAC	Soil-Plant-Atmosphere Continuum	土壤-植物-大气连续体
SVR	Support Vector Regression	支持向量回归机
GA	Genetic Algorithm	遗传算法
MAE	Mean Absolute Error	平均绝对误差
RMSE	Root Mean Square Error	均方根误差